JN280340

● 電子・通信工学 ●
EKR-18

電磁波工学入門

高橋応明

数理工学社

編者のことば

　我が国の基幹技術の一つにエレクトロニクスやネットワークを中心とした電子通信技術がある．この広範な技術分野における進展は世界中いたるところで絶え間なく進められており，またそれらの技術は日々利用している PC や携帯電話，インターネットなどを中核的に支えている技術であり，それらを通じて我々の社会構造そのものが大きく変わろうとしている．

　そしてダイナミックに発展を遂げている電子通信技術を，これからの若い世代の学生諸君やさらには研究者，技術者に伝えそして次世代の人材を育てていくためには時代に即応し現代的視点から，体系立てて構成されたライブラリというものの存在が不可欠である．

　そこで今回我々はこうした観点から新たなライブラリを刊行することにした．まず全体を I. 基礎と II. 基幹と III. 応用とから構成することにした．

　I. 基礎では電気系諸技術の基礎となる，電気回路と電磁気学，さらにはそこで用いられる数学的手法を取り上げた．

　次に II. 基幹では計測，制御，信号処理，論理回路，通信理論，物性，材料などを掘り下げることにした．

　最後に III. 応用では集積回路，光伝送，電力システム，ネットワーク，音響，暗号などの最新の様々な話題と技術を噛み砕いて平易に説明することを試みている．

　これからも電子通信工学技術は我々に夢と希望を与え続けてくれるはずである．我々はこの魅力的で重要な技術分野の適切な道標に，本ライブラリが必ずなってくれると固く信じてやまない．

　　2011 年 3 月

編者　荒木純道
國枝博昭

「電子・通信工学」書目一覧

I. 基礎
1. 電気電子基礎
2. 電磁気学
3. 電気回路通論
4. フーリエ解析とラプラス変換

II. 基幹
5. 回路とシステム論
6. 電気電子計測
7. 論理回路
8. 通信理論
9. 信号処理
10. ディジタル通信方式
11. 自動制御
12. 電子量子力学
13. 電気電子物性
14. 電気電子材料

III. 応用
15. パワーエレクトロニクス
16. 電力システム工学
17. 光伝送工学
18. 電磁波工学入門
19. アナログ電子回路の基礎
20. ディジタル集積回路
21. 音響振動
22. 暗号理論
23. ネットワーク工学

まえがき

　電磁波というと，一般の人には「目に見えない得体の知れないもの」，工学系の人にも「難しい数式を使った電磁気の応用」となかなか受け入れ難い印象を持たれている人が多い．これは，最近の傾向ではなく長年変わっていない．しかしながら，現代社会を振り返ってみると，モバイル，ユビキタスと言われ，電磁波応用の一分野である無線通信は資格を持った少数の人だけのものから，携帯電話のように国民ほぼ全員が持つものになっている．さらには，自動販売機や自動車などのマシンまで，携帯電話の機能を利用している．携帯電話だけではなく，TVや無線LAN，電子レンジ，カーナビ，万引き防止装置等々，身の周りには電磁波を用いた装置が至る所に存在し，皆さんは「目に見えない電磁波」を大いに活用している．

　電磁波は，目に見えないため19世紀に発見されてから100年余りしか経っていない．しかし，上記のように現在では様々なシステムに使用されており，将来，宇宙旅行に行くようになっても基幹技術として欠かせないものとなる．電磁波が扱われる領域は広範囲に及ぶものとなるが，本書では，この分野をこれから勉強し始める人を対象に，最も基本的な電磁波の放射，伝搬現象を理解することに重点をおいている．電磁波の現象を把握するためには，どうしても式に頼ることが多くなりがちである．電磁波を理解するには，電磁波の存在を予言したマクスウェルの方程式から始まるが，物理現象を把握するため式の誘導などもできるだけ省略しないで記述するように心がけた．電磁波の入出力部にあたるアンテナに関しては，代表的なものを扱い基本特性を示したが，さらに詳しいことは専門書に譲る．電磁波応用に関しては，新しいシステムも紹介しているが，そこに至る歴史的な流れも分かるように説明をしてある．技術の発展の流れを理解することにより，将来への展開を期待したい．英文論文の読解の助けにもなるように，専門用語にはその英文表記も合わせて記してある．

まえがき

　本書を読むことにより,「目に見えない電磁波」を感じてほしい.さらなる頂きを目指してみよう！と思い「見る目」を養って頂くことに少しでも本書が貢献出来れば幸いである.

　最後に,本書の執筆の機会を与えて下さった東京工業大学の荒木純道先生,丁寧に校閲して頂いた新潟大学の石井望先生,三菱電機の宮下裕章氏,お世話を頂いた数理工学社の田島伸彦氏,ビーカムの佐藤亨氏に感謝する.

　2011 年 9 月

高橋応明

目 次

第1章
電磁波とは　　1
 1.1　電波の発見 …………………………………………………… 2
 1.2　無線通信の始まり …………………………………………… 4
 1.3　電磁波の周波数 ……………………………………………… 5
 1.4　アンテナ ……………………………………………………… 7
 1 章 の 問 題 …………………………………………………… 8

第2章
平　面　波　　9
 2.1　マクスウェルの方程式 ……………………………………… 10
 2.2　波動方程式 …………………………………………………… 14
 2.3　平　面　波 …………………………………………………… 16
 2.4　ポインティングベクトル …………………………………… 19
 2.5　偏　　　波 …………………………………………………… 20
 2.6　平面波の反射 ………………………………………………… 22
 2 章 の 問 題 …………………………………………………… 26

第3章
伝　送　線　路　　27
 3.1　分布定数線路 ………………………………………………… 28
 3.2　伝送線路の種類 ……………………………………………… 32
 3.3　導　波　管 …………………………………………………… 35
 3 章 の 問 題 …………………………………………………… 43

第4章

電磁波の放射　　　　　　　　　　　　　　　　45

- 4.1　波源からの放射 …………………………………… 46
- 4.2　微小電流素子からの放射 ………………………… 49
- 4.3　指　向　性 ………………………………………… 52
- 4.4　放射抵抗と入力インピーダンス ………………… 57
- 4.5　実　効　長 ………………………………………… 60
- 4.6　利　　　得 ………………………………………… 62
- 4.7　可　逆　定　理 …………………………………… 65
- 4 章 の 問 題 ……………………………………………… 66

第5章

基本的なアンテナ　　　　　　　　　　　　　　　　67

- 5.1　線状アンテナ ……………………………………… 68
- 5.2　板状アンテナ ……………………………………… 73
- 5.3　開口面アンテナ …………………………………… 76
- 5 章 の 問 題 ……………………………………………… 86

第6章

アレイアンテナ　　　　　　　　　　　　　　　　　87

- 6.1　アレイアンテナ …………………………………… 88
- 6.2　均一等間隔アレイ ………………………………… 89
- 6.3　アレイアンテナの指向性合成 …………………… 93
- 6.4　アレイアンテナの利得 …………………………… 100
- 6.5　アレイの相互結合 ………………………………… 102
- 6.6　走査型アレイ ……………………………………… 105
- 6 章 の 問 題 ……………………………………………… 108

第7章

電波伝搬　　　　　　　　　　　　　　　　　　　　　　　109

7.1 電波伝搬の分類 ………………………………………… 110
7.2 地上波伝搬 ……………………………………………… 111
7.3 対流圏伝搬 ……………………………………………… 118
7.4 電離圏伝搬 ……………………………………………… 122
7.5 フェージング …………………………………………… 125
　　7章の問題 ……………………………………………… 128

第8章

電波応用　　　　　　　　　　　　　　　　　　　　　　　129

8.1 無線通信回線 …………………………………………… 130
8.2 放　　送 ………………………………………………… 133
8.3 移動体通信 ……………………………………………… 137
8.4 測位システム …………………………………………… 142
8.5 ITS ……………………………………………………… 149
8.6 RFID …………………………………………………… 152
8.7 医療応用 ………………………………………………… 156
8.8 電磁波加熱 ……………………………………………… 162
　　8章の問題 ……………………………………………… 164

付　　録　　　　　　　　　　　　　　　　　　　　　　　　165

演習問題解答　　　　　　　　　　　　　　　　　　　　　　168

参考文献　　　　　　　　　　　　　　　　　　　　　　　　171

索　　引　　　　　　　　　　　　　　　　　　　　　　　　172

第1章

電磁波とは

　携帯電話やカーナビゲーション，電子マネーや定期券に利用されているRFID（電波による個体識別）など無線通信は現在の生活になくてはならないものとして，我々の生活に浸透している．無線通信の始まりについて，この章では説明を行う．

1.1	電波の発見
1.2	無線通信の始まり
1.3	電磁波の周波数
1.4	アンテナ

第1章 電磁波とは

1.1 電波の発見

　紀元前7世紀には，ギリシアの宝石商が貿易によって運ばれてきた琥珀（エレクトロン）を布で磨いていた際に羽毛を吸い付ける現象（静電気）を発見した．このことにより，エレクトロンは，電気・電子を意味するエレクトロニクスの語源となった．また，紀元前500年頃，ギリシアのマグネシア地方で磁鉄鉱が発見された．ギリシア人は，鉄を吸い付ける性質のあるこの鉱石をマグニスと呼んで，魔除けとした．このように二千年以上前から人類は，磁力，静電気力を認識し，様々な実験を繰り返すことによってこの現象を理解しようとしてきた．こうして11世紀には，中国で水に浮かす「指南魚」，方位磁針が実用化され，12〜13世紀には十字軍の遠征や航海に使用された．

　その後18世紀以降，電気現象の様々な発見がされるようになる．1785年クーロン（Coulomb）の法則，1799年ボルタ（Volta）による電池の発見，1820年エルステッド（Orested）による電流の磁気作用，ビオ–サバール（BiotSavart）の法則，アンペア（Ampere）の右ネジの法則，1827年オーム（Ohm）の法則，1831年ファラデー（Faraday）の電磁誘導，1845年ノイマン（Neumann）の法則と続き，1864年イギリスのマクスウェル（Maxwell）が電磁方程式を王立学会で発表し1873年に本として出版している．マクスウェルは，電流を管の中を流れる水流として考え，電磁界を力学的にとらえることにより，光の電磁説を唱えたが，数学的に難解であったため，当時の研究者に理解される前に亡くなった．マクスウェルの業績は，先に挙げた電磁法則を一連の式としてまとめたことが大きい．この式から，理論上では電磁波が存在し，空間中を光の速度で伝搬する横波であること，光は電磁波であることを予言している．

　電磁波の実在が確認されたのは，1888年にヘルムホルツ（Helmholtz）の門下生であるヘルツ（Hertz）の実験による．ヘルツの実験は，図1.1に示すように感応コイルに接続した2つの金属球の間に火花放電をし，少し離れた所にある金属輪にある間隙にも火花が飛ぶことにより，電波の存在を実証した．また，金属板が電波を反射させることも確認している．この業績から，ヘルツは周波数の単位 [Hz] に採用された．

図 1.1 ヘルツの実験装置(ミュンヘン・ドイツ科学博物館)

電気と磁気の父

　16 世紀,イギリス,ロンドンの医師であったギルバート(William Gilbert)は,エリザベス 1 世,ジェームズ 1 世の侍医を務めるかたわら,静電気や磁石の研究を行い,女王に電気の実験を示したとされる.地球が巨大な磁石であることを実験で示したりし,「磁石について(De Magnete)」と題する本を 1600 年に発刊した.電気の語源であるラテン語の "electricus" を「琥珀のように引き付ける特性」,静電気を初めて定義した.この本によって,貴族たちが静電気に興味をもち,静電気発生比べに興じるようになり,この分野の発展に貢献した.

1.2 無線通信の始まり

1890年にイギリスのブランリー（Branly）が金属粉末をガラス管に詰めて電気伝導性を研究中に，近くで電気放電を起こすと金属粉末同志が密着して電気抵抗が下がることを発見した．ロッジ（Lodge）は，これをヘルツの実験に応用し検波器として用い，コヒーラ管と名付けた．この報告をロシアのポポフ（Попов）が見付け，ロッジの装置にリレー（電磁石を用いてスイッチングする装置）のハンマーがコヒーラを叩いて，金属粉末が密着した状態を元に戻す工夫をした．ポポフは自身の雷の研究からアンテナを発明し600[m]の通信に成功，1895年にペテルスブルグ大学で無線通信の公開実験を行い，1897年にはクロンシュタットに最初の無電局を設置，軍艦の座礁を救い出すなど成果があったが政府などの理解が得られなかった．

イタリアのマルコーニ（Marconi）は，雑誌でヘルツの実験を知り，ヘルツの火花間隙，ライデン瓶，コヒーラ管，非同調式アンテナコイルなどを組み合わせて，1895年に約1.5[km]の通信に成功，1896年には約3[km]離れた場所へのモールス伝送に成功し，この技術を持って，工業化のために同年2月にイギリスに渡り，6月には世界で初めての無線通信装置の特許登録を受けている．1897年にはマルコーニ無線会社を設立し，**フレミングの左手の法則**（Fleming's left hand rule）で有名なジョン・フレミング（Fleming）を技術顧問としている．1899年には，高さ45.5[m]のアンテナを用いてドーバー海峡51[km]間の英仏通信に成功，1900年には，地面に一端を埋めたモノポールアンテナを用い，同調回路を組み合わせて，有名なイギリス特許7777号を取得した．これにより複数の電波から希望する電波を選択できるようになり，さらに通信距離が延びることになった．1901年には，アンテナを高くし，高出力送信機を使うことで，見通しではなく地球の表面に沿って電波が伝わる見通し外通信をイギリス–カナダ間（約3,000[km]）で成功させた．この年には，イギリス海軍に装備され，1912年のタイタニック号の遭難時にもマルコーニ無線会社の社員が同乗し救難信号を送信している．このような，無線通信の実用化の業績が認められ，1909年にノーベル物理学賞を受賞している．

マルコーニの無線通信の実用化から100年余りのうちに世界大戦を経て，ラジオやTV，衛星通信，携帯電話など様々な用途に電磁波は使用されるようになった．

1.3 電磁波の周波数

電磁波は，**周波数**（frequency）ごとの用途は国によって異なっている．しかし，周波数の呼称については定められている．表 1.1 に電磁波の周波数による分類とその呼称，主な用途を示す．1 [GHz] 以上のマイクロ波帯のレーダ使用周波数では，表下に示すように，L バンド，X バンドなど，さらに細かい呼称が使われることが多い．また，300 [GHz]〜3 [THz] 帯は，サブミリ波の他にテラヘルツ波とも呼ばれる場合がある．3 [THz] までを一般に電波といい，それ以上を光波としている．

電磁波は，その周波数で分類されているが，波であるため，波長の長さによっても分類でき，アンテナの長さなどはこの波長で表すことが多い．真空中の電波の伝搬速度は光の速度 c と等しく，2.998×10^8 [m/s] である．周波数 f [Hz] と**波長**（wave length）λ [m] の関係は，

$$\lambda = \frac{c}{f} \text{ [m]} \tag{1.1}$$

で表される．表中に波長も示しておく．

表 1.1 電磁波の周波数による分類

周波数	3 kHz	30 kHz	300 kHz	3 MHz	30 MHz	300 MHz	3 GHz	30 GHz	300 GHz	3 THz
波長	100 km	10 km	1 km	100 m	10 m	1 m	10 cm	1 cm	1 mm	0.1 mm
略称	VLF	LF	MF	HF	VHF	UHF	SHF	EHF		
名称	超長波	長波	中波	短波	超短波	極超短波	マイクロ波	ミリ波	サブミリ波	光波
用途	電波航法	船舶航空機用無線標識	放送	短波通信	TV	TV・移動通信	無線LAN・GPS	気象レーダ・衛星放送・マイクロ波通信	自動車レーダ・電波天文通信	リモートセンシング・レーザ通信

GHz	1.0	2.0	4.0	8.0	12.4	18.0	26.5
バンド名	L	S	C	X	Ku	Ka	

例題 1.1

(1) 周波数 2 [GHz] の波長を求めよ．
(2) 波長 3 [m] の電磁波の周波数を求めよ．

【解答】 (1) 式 (1.1) より，$\lambda = \dfrac{c}{f} = \dfrac{3 \times 10^8}{2 \times 10^9} = 1.5 \times 10^{-1} = 0.15\,[\mathrm{m}] = 15\,[\mathrm{cm}]$

(2) 式 (1.1) を変形して，$f = \dfrac{c}{\lambda} = \dfrac{3 \times 10^8}{3} = 1 \times 10^8\,[\mathrm{Hz}] = 100\,[\mathrm{MHz}]$

様々なサービスに使用されている周波数は，歴史的な経緯により決まっているが，技術革新などで使用されなくなった周波数，**ホワイトスペース**（whitespace）も存在し（電子航法，アナログテレビなど），その再利用の検討がなされている．ミリ波以上の高い周波数は電子デバイスに高い精度が要求されることなどからあまり利用されてはいない．

無線通信

2地点間に情報を伝達する手段としては何があるだろうか？ マラソンの起源でもある BC490 年にペルシャ戦争のアテネ軍勝利の報せを伝えるため，マラトン–アテネ間を伝令が走り続けて息絶えた．その後，ペルシャ軍と戦ったギリシア連合軍は，昼は狼煙，夜は篝火で連絡を行った．日本でも 8 世紀に書かれた「日本書紀」に「烽（とぶひ）」と記述されている．17 世紀にガリレイが望遠鏡を発明したことによって，その距離は若干伸びたものの，多くの中継所が必要であり，天候に左右されることに変わりはない．また，いろいろな情報を送るためには，その使い方も取り決め，組み合わせる必要がある．18 世紀のフランス革命時に，牧師であったシャップ（Chappe）が時計で有名なブレゲ（Breguet）の協力で腕木通信機（tèlègramme）を発明した．3 本の棒の組合せで手旗信号のように通信するものであり，ヨーロッパに普及した．その後，19 世紀に電気の発明に伴い有線の電信機，無線通信と発展していくのである．

1.4　アンテナ

　アンテナ（antenna）の原義は昆虫などの触角の意味であり，ドイツ語，フランス語，イタリア語でも同じ綴りである．ロシア語では，"Антенна"，中国語では"天線"と記す．また，以前のイギリスの論文では"aerial"と記されており，そこから日本では"空中線"という用語が使用されていたが，今は"アンテナ"とカタカナで記す．

　アンテナは原義の通り，空間に放射されている電磁波を感じるための触覚として受信用に用いられることはもちろんだが，電磁波を空間に放射（送信）する装置としても用いられ，構造上，機能上，送受信を兼用することができるものが多い．

大西洋横断

　「翼よ，あれがパリの灯だ！」で有名なリンドバーグ（Lindbergh）が「スピリット・オブ・セントルイス」というプロペラ機で横断飛行成功したのは，1927年5月21日のことである．マルコーニによって無線通信が大西洋横断に成功したのは，それより26年早い1901年12月12日である．無線通信はリンドバーグよりも早く大西洋横断に成功している．

1 章 の 問 題

☐ **1** 周波数 80 [MHz] の波長を求めよ．

☐ **2** 地球から月までの距離は，およそ 384,400 [km] である．また，火星までの距離は，接近時でおよそ 5600 万 [km] である．それぞれの電磁波の到達時間を求めよ．

☐ **3** 身の回りで，電磁波が利用されているものを挙げよ．

第2章

平　面　波

　本章では，電磁波の存在を予言したマクスウェルの方程式を，電磁気学で学んだアンペアの法則，ファラデーの法則から導き，さらに波動方程式までを導出する．伝搬する電磁波の基礎は平面波であり，その振る舞いについて扱う．

2.1	マクスウェルの方程式
2.2	波動方程式
2.3	平面波
2.4	ポインティングベクトル
2.5	偏波
2.6	平面波の反射

2.1 マクスウェルの方程式

電磁気学で学んだ**アンペアの法則**(Ampere's law)，**ファラデーの法則**(Faraday's law)，**ガウスの法則**(Gauss' law)などを統合的にまとめ，**電界**(electric field)，**磁界**(magnetic field)を表し，電磁波を予言したのがマクスウェル(Maxwell)である．電磁波を扱うには**マクスウェルの方程式**(Maxwell's equations)が始発点となる．

マクスウェルの方程式は，以下の4つの式で表せる．

$$\nabla \times \boldsymbol{H} = \boldsymbol{J} + \frac{\partial \boldsymbol{D}}{\partial t} \tag{2.1}$$

$$\nabla \times \boldsymbol{E} = -\frac{\partial \boldsymbol{B}}{\partial t} \tag{2.2}$$

$$\nabla \cdot \boldsymbol{B} = 0 \tag{2.3}$$

$$\nabla \cdot \boldsymbol{D} = \rho \tag{2.4}$$

ここで式(2.1)はアンペアの法則で，磁界 $\boldsymbol{H}$ は電流 $\boldsymbol{J}$ と電界の時間変化(変位電流)で生じることを示している．式(2.2)は，ファラデーの法則で，電界 $\boldsymbol{E}$ は磁界の時間変化で生じる電磁誘導現象を表している．この2つをマクスウェルの基礎方程式という．ここでそれぞれの式の右辺は電界 $\boldsymbol{E}$，磁界 $\boldsymbol{H}$ ではなく，**電束密度**(electric flux density) $\boldsymbol{D}$，**磁束密度**(magnetic flux density) $\boldsymbol{B}$ で表記しているが，それぞれは，以下の補助方程式で示される関係にある．

$$\boldsymbol{D} = \varepsilon \boldsymbol{E} \tag{2.5}$$

$$\boldsymbol{B} = \mu \boldsymbol{H} \tag{2.6}$$

$$\boldsymbol{J} = \boldsymbol{J}_0 + \sigma \boldsymbol{E} \tag{2.7}$$

ただし，ε, μ は空間の**誘電率**(permittivity)，**透磁率**(permeability)であり，真空中ではそれぞれ真空の誘電率 ε_0 および透磁率 μ_0 である．また，$\boldsymbol{J}_0$ は1次電流源(印加電流)であり $\sigma \boldsymbol{E}$ は**導電電流**(conduction current)，σ は空間の**導電率**(conductivity)である．ε, μ, σ が場所によって異なる不均質媒質も存在するが，特別な場合を除けば式(2.5)〜(2.7)のように表すことができる．

式(2.4)は，**電荷密度**(charge density) ρ から発生している**電束**(electric flux)の関係を示したガウスの法則である．これに対し，式(2.3)は，磁荷とい

2.1 マクスウェルの方程式

うものが単独では存在せず,磁束密度は閉じたループを形成していることを示している.

マクスウェルの基礎方程式は,アンペアの周回積分の法則とファラデーの電磁誘導の法則から成り立っている.では,式 (2.1), (2.2) はどう導かれたのであろうか.マクスウェルは,**変位電流**(displacement current)という導体を流れる導電電流と異なる概念を導入した.この変位電流は次のように解釈すると分りやすい.図 2.1 に示す交流回路を考えた場合,回路全体では電流 I が流れ,抵抗 R にもコンデンサ C にも同様に電流が流れる.コンデンサ内は導体ではないため,本来は導電電流は流れないが,電極間に電束密度 $\boldsymbol{D}$ は生じる.直流の場合は,電束密度 $\boldsymbol{D}$ が時間的には変化しないのでコンデンサに電流は流れないが,電束密度 $\boldsymbol{D}$ が時間的に変化する場合は電流が流れる.この電束密度 $\boldsymbol{D}$ の時間変化による電流を変位電流と呼ぶ.コンデンサの電極の面積を S,その法線ベクトルを $\boldsymbol{n}$ とすると,変位電流 I_d は $I_d = \dfrac{\partial}{\partial t}\displaystyle\int_S \boldsymbol{D}\cdot\boldsymbol{n}dS$ と表せる.マクスウェルはこの変位電流もアンペアの法則と同様に磁界を発生するものとした.

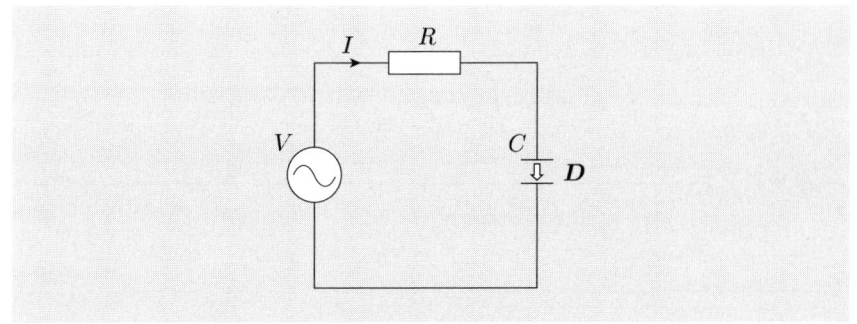

図 2.1 交流回路

まず,アンペアの周回積分は,図 2.2 に示すように,電流 I の周りに閉路 C を考え,この閉路 C に沿った微小な線分 dl に平行な磁界 $\boldsymbol{H}$ を周回積分するものである.

$$\oint_C \boldsymbol{H}\cdot d\boldsymbol{l} = I \tag{2.8}$$

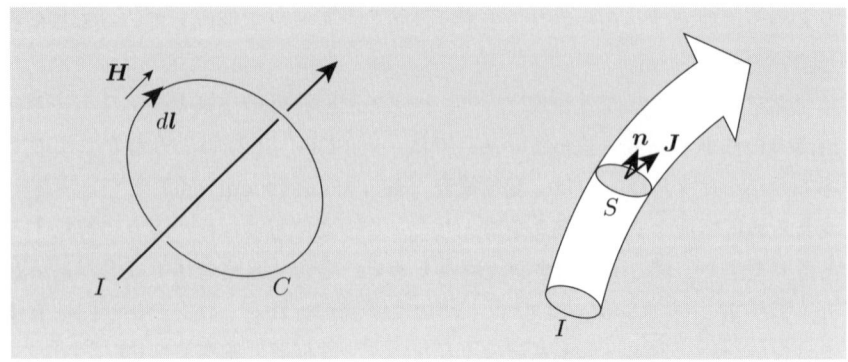

図 2.2　線電流と磁界　　　　図 2.3　電流密度

ここで，図 2.3 のように，線電流ではなく，ある断面積を持つ電流を考える．単位面積当たりの電流密度を J，断面 S とその法線ベクトル n を考えると，すべての電流は，これらの面積分で表されるので，式 (2.7) の右辺は次のようになる．

$$\oint_C \bm{H} \cdot d\bm{l} = \int_S \bm{J} \cdot \bm{n} dS \tag{2.9}$$

さらに，先ほどの変位電流をあわせて考えると，拡張されたアンペアの周回積分の法則は以下のように表される．

$$\oint_C \bm{H} \cdot d\bm{l} = \int_S \bm{J} \cdot \bm{n} dS + \frac{\partial}{\partial t} \int_S \bm{D} \cdot \bm{n} dS \tag{2.10}$$

■ 例題 2.1

半径 a [m] の円柱導体内を，電流密度 J [A/m^2] で一様に電流が流れている．円柱の中心から距離 r $(r>a)$ [m] の点における磁界強度 H [A/m] を求めよ．

【解答】式 (2.9) より，左辺は，$\oint_C \bm{H} \cdot d\bm{l} = 2\pi r H$ となり，右辺は，$\int_S \bm{J} \cdot \bm{n} dS = \pi a^2 J$ となる．その結果，磁界強度 $H = \dfrac{\pi a^2 J}{2\pi r} = \dfrac{a^2 J}{2r}$ [A/m] となる（電流密度，磁界の向きは，図 2.2 の $\bm{I}$, $\bm{H}$ と対応する）．■

同様にファラデーの法則は，図 2.4 に示すように閉路 C のコイルに鎖交する磁束密度 $\bm{B}$ が変化する場合，その時間変化に応じて閉路 C に起電力が生じる．ここで，閉路 C に囲まれた曲面を S とし，その法線ベクトルを n とすると式

2.1 マクスウェルの方程式

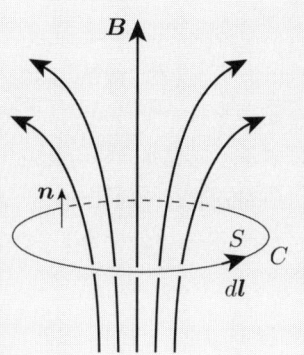

図 2.4 コイルと鎖交磁束

(2.11) となる.

$$\oint_C \boldsymbol{E} \cdot d\boldsymbol{l} = -\frac{\partial}{\partial t} \int_S \boldsymbol{B} \cdot \boldsymbol{n} dS \tag{2.11}$$

■ **例題 2.2**

半径 a [m] の円形ループ内に,一様な磁束密度 $B = B_0 \sin \omega t$ が存在する.円形ループの中心から距離 r $(r > a)$ [m] の点における電界強度 E [V/m] を求めよ.

【解答】 式 (2.11) より,左辺は,$\oint_C \boldsymbol{E} \cdot d\boldsymbol{l} = 2\pi r E$ となり,右辺は,$-\dfrac{\partial}{\partial t} \int_S \boldsymbol{B} \cdot \boldsymbol{n} dS = -\dfrac{\partial}{\partial t} \pi a^2 B_0 \sin \omega t = -\pi a^2 B_0 \omega \cos \omega t$ となる.その結果,電界強度 $E = -\dfrac{\pi a^2 B_0 \omega}{2\pi r} \cos \omega t = -\dfrac{a^2 B_0 \omega}{2r} \cos \omega t$ [V/m] となる(磁束密度,電界の向きは,図 2.4 の $\boldsymbol{B}$, $d\boldsymbol{l}$ と対応する). ∎

式 (2.10), (2.11) の左辺の周回積分をストークスの定理を用いて面積分にすると,それぞれ

$$\int_S \left(\nabla \times \boldsymbol{H} - \boldsymbol{J} - \frac{\partial \boldsymbol{D}}{\partial t} \right) \cdot \boldsymbol{n} dS = 0 \tag{2.12}$$

$$\int_S \left(\nabla \times \boldsymbol{E} + \frac{\partial \boldsymbol{B}}{\partial t} \right) \cdot \boldsymbol{n} dS = 0 \tag{2.13}$$

となる.これが任意の曲面で成り立つためには,左辺の括弧内が 0 とならなければいので,マクスウェルの基礎方程式 (2.1), (2.2) が成り立つ必要がある.

2.2 波動方程式

マクスウェルの方程式により，電界，磁界を求めることはできるが，変数の種類が多くそのままでは電磁界を扱いづらい．ここで，変数を減らすために電界 $\bm{E}$ および磁界 $\bm{H}$ に着目する．電磁界は特別な場合を除いて電気回路で学んだフェーザ表示を導入し，角周波数 ω で時間的に正弦波振動するとすれば，時間に関する変化は $e^{j\omega t}$ なので，時間の偏微分は $j\omega$ で置き換えられる．式 (2.1)，(2.2) は以下のように変形される．

$$\nabla \times \bm{H} = \bm{J}_0 + \sigma \bm{E} + j\omega\varepsilon \bm{E}$$
$$= \bm{J}_0 + j\omega\left(\varepsilon + \frac{\sigma}{j\omega}\right)\bm{E}$$
$$= \bm{J}_0 + j\omega\hat{\varepsilon}\bm{E} \quad \hat{\varepsilon}: \text{複素誘電率} \tag{2.14}$$
$$\nabla \times \bm{E} = -j\omega\mu\bm{H} \tag{2.15}$$

これらの回転をとると

$$\nabla \times \nabla \times \bm{H} = \nabla \times \bm{J}_0 + j\omega\hat{\varepsilon}\nabla \times \bm{E}$$
$$= \nabla \times \bm{J}_0 + \omega^2\hat{\varepsilon}\mu\bm{H}$$
$$= \nabla \times \bm{J}_0 + k^2\bm{H} \tag{2.16}$$

$$\nabla \times \nabla \times \bm{E} = -j\omega\mu\nabla \times \bm{H}$$
$$= -j\omega\mu\bm{J}_0 + \omega^2\hat{\varepsilon}\mu\bm{E}$$
$$= -j\omega\mu\bm{J}_0 + k^2\bm{E} \tag{2.17}$$

$$k = \omega\sqrt{\hat{\varepsilon}\mu} = \frac{2\pi f}{v} = \frac{2\pi}{\lambda} \tag{2.18}$$

となり，電流源 $\bm{J}_0$ と磁界および電界だけの式に整理される．ここで k は**波数**（wave number）といわれ，電磁波の**伝搬定数**（propagation constant）であり 2π [m] 当たりの波の数を表す．

ここでベクトル公式 $\nabla \times \nabla \times \bm{A} = \nabla(\nabla \cdot \bm{A}) - \nabla^2 \bm{A}$ を用いると，上式は以下のような非斉次（非同次）ベクトル**ヘルムホルツ**（Helmholtz）**方程式**となる．

2.2 波動方程式

$$\nabla^2 \boldsymbol{H} + k^2 \boldsymbol{H} = -\nabla \times \boldsymbol{J}_0 \tag{2.19a}$$

$$\nabla^2 \boldsymbol{E} + k^2 \boldsymbol{E} = j\omega\mu \boldsymbol{J}_0 \tag{2.19b}$$

左辺にのみ，磁界および電界が含まれており，右辺が波源となる．特に波源がないときは，式 (2.20) のように斉次（同次）方程式になり，こちらの方が一般的にはヘルムホルツ方程式といわれている．

$$\nabla^2 \boldsymbol{H} + k^2 \boldsymbol{H} = 0 \tag{2.20a}$$

$$\nabla^2 \boldsymbol{E} + k^2 \boldsymbol{E} = 0 \tag{2.20b}$$

電電宮

電気・電波の神様が京都嵐山にいるのはご存じだろうか？ 十三参りで有名な奈良時代に創建された法輪寺の鎮守社で，雷の神である電電明神が祀られている．電電塔には電気研究者の代表としてエジソン，電波研究者の代表としてヘルツのレリーフが掲げられている．毎年，電気，通信関係者の参拝が行われており，お守りなども面白い．

2.3 平 面 波

点波源から放射された電磁界は球面状に広がる球面波として伝搬していくが，十分に距離が離れた所では電界と磁界が伝搬方向に直交し，あたかも電磁界が平面として振動しながら伝搬する**平面波**（plane wave）とみなすことができる．例えば，放送局から十分離れた場所での電磁波などを表現するのに用いられる．

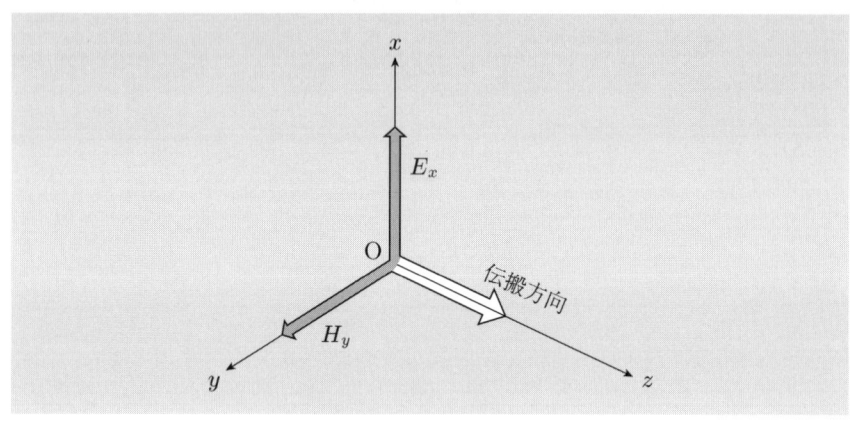

図 2.5　平面波の伝搬

図 2.5 のように xy 平面に電界は x 方向のみ（E_x），磁界は y 方向のみ（H_y）が xy 平面内では大きさ一定（一様）で存在し，他の電磁界成分は存在しない．この一様な電磁波が z 方向に伝搬しているとする．式 (2.20b) のヘルムホルツの式は直角座標系に変換して次式のように表せる．

$$\left(\frac{\partial^2}{\partial x^2} + \frac{\partial^2}{\partial y^2} + \frac{\partial^2}{\partial z^2}\right)(E_x\hat{\boldsymbol{x}} + E_y\hat{\boldsymbol{y}} + E_z\hat{\boldsymbol{z}}) + k^2(E_x\hat{\boldsymbol{x}} + E_y\hat{\boldsymbol{y}} + E_z\hat{\boldsymbol{z}}) = 0 \tag{2.21}$$

ここで，$\hat{\boldsymbol{x}}, \hat{\boldsymbol{y}}, \hat{\boldsymbol{z}}$ は，各方向成分の単位ベクトルを表している．

xy 平面では，電界および磁界は一様であるため，x および y に関する偏微分項は 0 となる．電界に関しては E_x のみを考えているので，式 (2.21) は，次式のようになる．

$$\frac{\partial^2 E_x}{\partial z^2} + k^2 E_x = 0 \tag{2.22}$$

2.3 平面波

式 (2.22) の解は次のようになる.

$$E_x = E_1 e^{-jkz} + E_2 e^{jkz} \tag{2.23}$$

ここで E_1, E_2 は波源の励振条件と境界条件によって決まる定数である.

さらに電磁界が時間変化 $e^{j\omega t}$ を考慮すると, 時間変化も考えた電界 $\overline{E}_x$ は次式のようになる.

$$\overline{E}_x = E_1 e^{j(\omega t - kz)} + E_2 e^{j(\omega t + kz)} \tag{2.24}$$

第1項において一定の振幅を考えると, 時間 t が大きくなると z も大きくなるので, 第1項は z 方向に進んでいく進行波を表しており, 第2項は逆方向に進行する波, 反射波を表している. ある位置での電界は, この進行波と反射波の合成で求まることが分かる. このとき, 平面波の伝搬速度 v は, $kdz - \omega dt = 0$ より, 次式となる.

$$v = \frac{dz}{dt} = \frac{\omega}{k} = \frac{1}{\sqrt{\varepsilon\mu}} \tag{2.25}$$

■ 例題 2.3
真空中の平面波の伝搬速度を求めよ.

【解答】 真空中では, $\varepsilon_0 = 8.854 \times 10^{-12}$ [F/m], $\mu_0 = 4\pi \times 10^{-7}$ [H/m] なので, 式 (2.25) より,

$$v = \frac{1}{\sqrt{\varepsilon_0 \mu_0}} = \frac{1}{\sqrt{8.854 \times 10^{-12} \times 4\pi \times 10^{-7}}} \cong 2.998 \times 10^8 \text{ [m/s]}$$

となる. 従って, 平面波は, 真空中を光速 c で伝搬している. ∎

磁界成分 H_y に関しても同様に

$$H_y = \frac{1}{Z_0} \left(E_1 e^{-jkz} - E_2 e^{jkz} \right) \tag{2.26}$$

$$Z_0 = \sqrt{\frac{\mu}{\varepsilon}} \tag{2.27}$$

と表される. ここで Z_0 を**固有インピーダンス** (intrinsic impedance) または**波動インピーダンス** (wave impedance) といい, 真空中では $Z_0 = 120\pi \cong 377$ [Ω] となる. 電界 E_x も磁界 H_y も, 進行方向 z に対して直交する方向に振動する横波であることが分かる. このような波を **TEM 波** (transverse electromagnetic wave) ともいう.

例題 2.4

真空中の固有インピーダンスを求めよ．

【解答】 真空中では，$\varepsilon_0 = 8.854 \times 10^{-12}$ [F/m], $\mu_0 = 4\pi \times 10^{-7}$ [H/m] なので，式 (2.27) より，$Z_0 = \sqrt{\dfrac{\mu_0}{\varepsilon_0}} = \sqrt{\dfrac{4\pi \times 10^{-7}}{8.854 \times 10^{-12}}} \cong 3.767 \times 10^2 \cong 377\,[\Omega]$ となる． ■

自由空間 ($\sigma = 0$) ではなく損失のある空間における平面波伝搬では，式 (2.14) で用いた複素比誘電率を考える．このときの伝搬定数 k は，式 (2.18) より次式となる．

$$k^2 = \omega^2 \varepsilon \mu - j\omega\mu\sigma \tag{2.28}$$

ここで，伝搬定数 k の実部と虚部をそれぞれ α, β とすると，次のように表される．

$$k = \beta - j\alpha \tag{2.29a}$$

$$\alpha = \omega\sqrt{\varepsilon\mu}\sqrt{\frac{1}{2}\left\{\sqrt{1+\left(\frac{\sigma}{\omega\varepsilon}\right)^2} - 1\right\}} \tag{2.29b}$$

$$\beta = \omega\sqrt{\varepsilon\mu}\sqrt{\frac{1}{2}\left\{\sqrt{1+\left(\frac{\sigma}{\omega\varepsilon}\right)^2} + 1\right\}} \tag{2.29c}$$

平面波が $+z$ 方向に伝搬しているとすると，$e^{-jkz} = e^{-\alpha z}e^{-j\beta z}$ となるため，α を**減衰定数** (attenuation constant), β を**位相定数** (phase constant) という．変位電流と導電電流の比を $\tan\delta$ といい，次式で表される．

$$\tan\delta = \frac{\sigma}{\omega\varepsilon} \tag{2.30}$$

$\tan\delta \ll 1$ のときは，$\alpha \cong \dfrac{\sigma}{2}\sqrt{\dfrac{\mu}{\varepsilon}}, \beta \cong \omega\sqrt{\varepsilon\mu}\left\{1 + \dfrac{1}{8}\left(\dfrac{\sigma}{\omega\varepsilon}\right)^2\right\}$ となる．金属のように，$\tan\delta \gg 1$ のときは，$\alpha \cong \beta \cong \sqrt{\dfrac{\omega\mu\sigma}{2}}$ となる．電界の強さが $1/e$ となる伝搬距離は，**表皮厚** (skin depth) と呼ばれ次式となる．

$$\delta_s = \frac{1}{\alpha} = \sqrt{\frac{2}{\omega\mu\sigma}} \tag{2.31}$$

2.4 ポインティングベクトル

　平面波が伝搬していくということは，その波が持つエネルギーも伝搬していることを意味する．交流回路にて，複素電力は電圧 V と電流 I から $(1/2)VI^*$（$*$ は複素共役をとる）と表され，その実部が消費電力となる．この考え方を電磁界にも適用すると，

$$P = \frac{1}{2}\mathcal{R}e\left(\boldsymbol{E} \times \boldsymbol{H}^*\right)$$
$$= \frac{|\boldsymbol{E}|^2}{2Z_0}$$
$$= \frac{Z_0}{2}|\boldsymbol{H}|^2 \ [\mathrm{W/m^2}] \qquad (2.32)$$

と表され，電力密度を示している．この解釈はポインティング（J.H.Poynting）が初めて提唱したので**ポインティングベクトル**（Poynting vector）またはポインティグ電力（Poynting power）と呼ぶ．$\boldsymbol{H}^*$ は $\boldsymbol{H}$ の複素共役であり，$\boldsymbol{E}, \boldsymbol{H}$ 共に波高値を示している．図 2.5 に示した平面波の場合，電界と磁界のベクトル積 $\boldsymbol{E} \times \boldsymbol{H}$ は，z 方向成分を持ち，z の正の方向に伝搬している．この式は，真空中だけではなく，一般的に媒質中を伝搬する電磁波でも成り立つ．

2.5 偏波

これまで扱ってきた平面波では,電界,磁界がそれぞれ一方向を向いており,その方向が時間によらず変化しないものであった.図2.6に示すように伝搬方向に対してx方向もしくはy方向にのみ電界が変化するものを**直線偏波** (linear polarization) という.偏波とは,電界の向きを表している.特に,電界の変化方向が大地に垂直なものを**垂直偏波** (vertical polarization),平行なものを**水平偏波** (holizontal polarization) という.これに対して,図2.7のように2方向の電界変化を重ね合わせ,電界の方向が回転し周期的に変化するものを楕円偏波という.特に電界ベクトルの大きさが一定で回転しているものを円偏波という.観測点zを固定し,送信から伝搬方向を見たときの電界の時間に対する回転方向により,左回り,右回りで,**左旋円偏波** (left-hand circular polarization),**右旋円偏波** (right-hand circular polarization) という(光学で使われる定義と逆になっている).図2.7は左旋円偏波を示している.

円偏波はx方向とy方向の直線偏波の和として考えることができ,次式で示される.

$$\boldsymbol{E} = E_x e^{-j(kz-\phi)}\hat{\boldsymbol{x}} + E_y e^{-j(kz-\varphi)}\hat{\boldsymbol{y}} \tag{2.33}$$

時間因子$e^{j\omega t}$を上式に乗じてその実部をとり,x,y軸方向の電界の各成分を

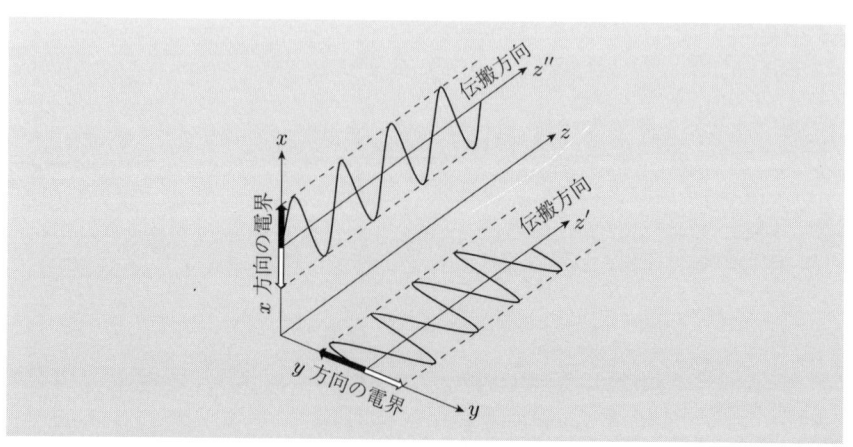

図2.6 直線偏波

2.5 偏　　波

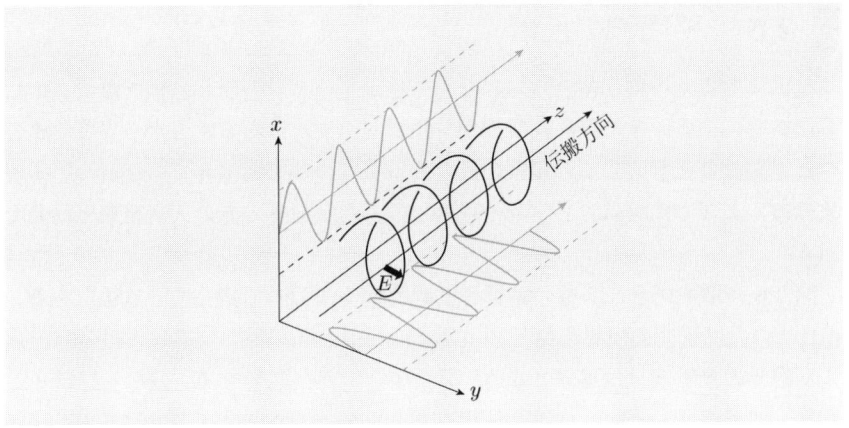

図 2.7　円偏波（左旋）

記すと

$$\left.\begin{array}{l} x = E_x \cos(\omega t - kz + \phi) \\ y = E_y \cos(\omega t - kz + \varphi) \end{array}\right\} \tag{2.34}$$

となり，$\omega t - kz$ を消去すると

$$\frac{x^2}{E_x^2} - \frac{2xy}{E_x E_y}\cos(\phi - \varphi) + \frac{y^2}{E_y^2} = \sin^2(\phi - \varphi) \tag{2.35}$$

が得られる．ここで，ϕ, φ はそれぞれ x 方向，y 方向の位相を示す．位相差 $\phi - \varphi$ が $\phi - \varphi = n\pi$ $(n = 0, 1, 2 \cdots)$ のときは，直線偏波になる．また，$\phi - \varphi = \dfrac{\pi}{2}$ のときは左旋円偏波に，$\phi - \varphi = -\dfrac{\pi}{2}$ のときは右旋円偏波となる．

2.6 平面波の反射

電磁波は真空中の伝搬だけではなく，誘電体など身の回りの様々な媒質中にも伝搬していく．その際，真空中から媒質内，またはある媒質から異なる媒質へと電磁波は伝わる．この現象の最も簡単なものが平面境界での反射，屈折現象である．この問題は，小学校の理科で学んだ水面への光の入射現象と同じである．

図 2.8 に示すように 2 つの媒質が平面境界（xz 面）で接している場合を考える．2 つの媒質間の**境界条件**（boundary condition）は，境界における電界および磁界の接線成分は連続となる．媒質 1 の電界，磁界を E_1, H_1，媒質 2 の電界，磁界を E_2, H_2，境界の法線ベクトルを n とすると，次のようになる．

$$n \times (E_1 - E_2) = 0 \tag{2.36a}$$
$$n \times (H_1 - H_2) = 0 \tag{2.36b}$$

法線と入射方向のなす面を入射面といい，媒質定数 ε_1, μ_1, σ_1 の媒質 1 から媒質定数 ε_2, μ_2, σ_2 の媒質 2 に電磁波が入射した場合，(a) 電界が入射面 xy 面内にある場合，(b) 電界が入射面に垂直すなわち境界面に平行な場合，の

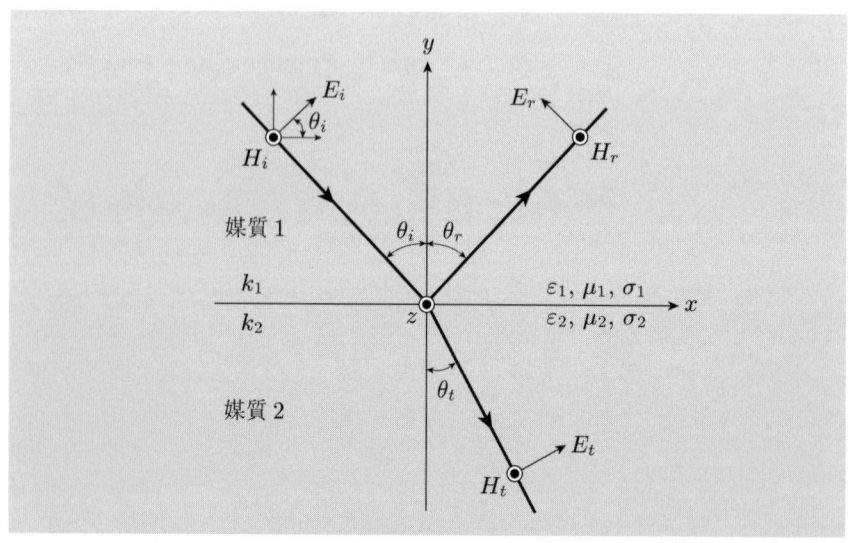

図 2.8　平行偏波の反射・透過

2つに分解して考える．(a) を**平行偏波**（parallel polarization）あるいは TM（transverse magnetic）入射，(b) を**直交偏波**（perpendiculer polarization）あるいは TE（transverse electric）入射と呼ぶ．

■2.6.1 平行偏波

図 2.8 のように，原点における入射電界を E_i，反射電界を E_r，透過電界を E_t とし，それぞれの入射角を θ_i，反射各を θ_r，屈折角を θ_t とする．入射電界の接線成分の振幅は，図より $E_i \cos\theta_i$ となる．位相を表す $e^{-j\boldsymbol{k}_1\cdot\boldsymbol{r}}$ については，波数ベクトルは，$\boldsymbol{k}_1 = k_1(\sin\theta_i\hat{\boldsymbol{x}} - \cos\theta_i\hat{\boldsymbol{y}})$ となり，距離ベクトルは $\boldsymbol{r} = x\hat{\boldsymbol{x}} + y\hat{\boldsymbol{y}}$ なので，

$$e^{-j\boldsymbol{k}_1\cdot\boldsymbol{r}} = e^{-jk_1(x\sin\theta_i - y\cos\theta_i)}$$
$$= e^{-jk_1 x \sin\theta_i} \quad (y = 0 \text{ のとき}) \quad (2.37)$$

となる．同様に，反射電界，透過電界の接線成分が求まるので，境界面での境界条件，電界および磁界の接線成分の連続性より次の式が得られる．

$$\left.\begin{array}{l} E_i \cos\theta_i e^{-jk_1 x \sin\theta_i} - E_r \cos\theta_r e^{-jk_1 x \sin\theta_r} = E_t \cos\theta_t e^{-jk_2 x \sin\theta_t} \\ H_i e^{-jk_1 x \sin\theta_i} + H_r e^{-jk_1 x \sin\theta_r} = H_t e^{-jk_2 x \sin\theta_t} \end{array}\right\} \quad (2.38)$$

式 (2.38) が x に無関係に成り立つには，各成分の位相が等しくなければならないので，式 (2.39), (2.40) を満たさなければならない．

$$\theta_i = \theta_r \quad (2.39)$$
$$k_1 \sin\theta_i = k_2 \sin\theta_t \quad (2.40)$$

式 (2.39) は，入射角と反射角が等しいことを示している．媒質 1 に対する媒質 2 の比複素屈折率 n は，

$$n = \frac{k_2}{k_1} = \sqrt{\frac{\mu_2}{\mu_1}}\sqrt{\frac{\varepsilon_2 - j\sigma_2/\omega}{\varepsilon_1 - j\sigma_1/\omega}} = \frac{\sin\theta_i}{\sin\theta_t} \quad (2.41)$$

となる．式 (2.39), (2.40) の関係を**スネルの法則**（Snell's law）という．

以上の式から E_r, E_t について解き，反射係数 R，透過係数 T を求めると次式が得られる．ここで媒質 1 および媒質 2 の波動インピーダンス Z_1, Z_2 は

$Z_1 = \dfrac{E_i}{H_i}$, $Z_2 = \dfrac{E_t}{H_t}$ の関係にある.

$$R = \frac{E_r}{E_i} = \frac{Z_1 \cos\theta_i - Z_2 \cos\theta_t}{Z_1 \cos\theta_i + Z_2 \cos\theta_t}$$

$$= \frac{\mu_1 n^2 \cos\theta_i - \mu_2 \sqrt{n^2 - \sin^2\theta_i}}{\mu_1 n^2 \cos\theta_i + \mu_2 \sqrt{n^2 - \sin^2\theta_i}} \tag{2.42}$$

$$T = \frac{E_t}{E_i} = \frac{2 Z_2 \cos\theta_i}{Z_1 \cos\theta_i + Z_2 \cos\theta_t}$$

$$= \frac{2 \mu_2 n \cos\theta_i}{\mu_1 n^2 \cos\theta_i + \mu_2 \sqrt{n^2 - \sin^2\theta_i}} \tag{2.43}$$

これらの式を**フレネル反射係数・透過係数**(Fresnel's transmission coefficient, reflection coefficient) という. 反射係数 $R = 0$ となる入射角 θ_B を**ブリュスター角**(Brewster angle) と呼び, $\tan\theta_B = n$ を満足する角度である.

■ 例題 2.5

図 2.8 において, 媒質 1 の誘電率 $\varepsilon_1 = \varepsilon_0$, 透磁率 $\mu_1 = \mu_0$, 導電率 $\sigma_1 = 0$, 媒質 2 の誘電率 $\varepsilon_2 = 2\varepsilon_0$, 透磁率 $\mu_2 = \mu_0$, 導電率 $\sigma_2 = 0$ のとき, ブリュスター角を求めよ.

【解答】 複素屈折率 n は式 (2.33) より, $n = \sqrt{\dfrac{\mu_2}{\mu_1}} \sqrt{\dfrac{\varepsilon_2 - j\sigma_2/\omega}{\varepsilon_1 - j\sigma_1/\omega}} = \sqrt{2}$ となる. ブリュスター角は, $\tan\theta_B = n$ なので, $\theta_B = \tan^{-1} n = \tan^{-1}\sqrt{2} \cong 54.7\,[°]$ となる. ■

■ 2.6.2 直 交 偏 波

図 2.9 に示す直交偏波の場合も, 平行偏波と同様にスネルの法則が成り立つ. 平行偏波と同様に展開していくと, 反射係数, 透過係数を求めることができる.

$$R = \frac{E_r}{E_i} = \frac{Z_2 \cos\theta_i - Z_1 \cos\theta_t}{Z_2 \cos\theta_i + Z_1 \cos\theta_t}$$

$$= \frac{\mu_2 \cos\theta_i - \mu_1 \sqrt{n^2 - \sin^2\theta_i}}{\mu_2 \cos\theta_i + \mu_1 \sqrt{n^2 - \sin^2\theta_i}} \tag{2.44}$$

2.6 平面波の反射

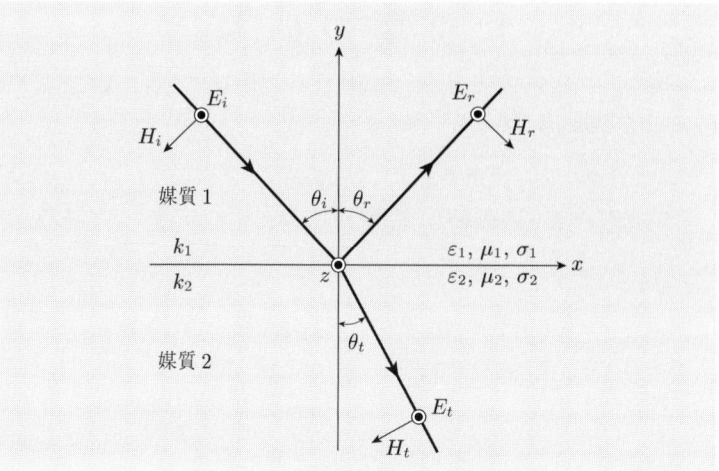

図 2.9 直交偏波の反射・透過

$$T = \frac{E_t}{E_i} = \frac{2Z_2 \cos\theta_i}{Z_2 \cos\theta_i + Z_1 \cos\theta_t}$$
$$= \frac{2\mu_2 n \cos\theta_i}{\mu_2 \cos\theta_i + \mu_1 \sqrt{n^2 - \sin^2\theta_i}} \quad (2.45)$$

垂直に平面波が入射する場合は,入射角を θ_i,反射角を θ_r とし,屈折角 θ_t が 0 となるので,反射係数,透過係数は以下のようになる.

$$R = \frac{E_r}{E_i} = \frac{Z_2 - Z_1}{Z_1 + Z_2} \quad (2.46)$$

$$T = \frac{E_t}{E_i} = \frac{2Z_2}{Z_1 + Z_2} \quad (2.47)$$

電界,磁界の接線成分は境界面で連続なので,次のようになる.

$$E_t = (1 + R)E_i \quad (2.48)$$

$$H_t = (1 - R)H_i \quad (2.49)$$

2 章 の 問 題

☐ **1** 海水中の平面波伝搬において，周波数 10 [MHz] の波長および振幅が $1/e$ に減衰する距離を求めよ．ただし，海水の導電率 $\sigma = 5$ [s/m]，比誘電率 $\varepsilon_r = 80$，透磁率 $\mu = \mu_0$ とする．

☐ **2** 比誘電率 $\varepsilon_r = 9$ の誘電体，誘電体中の固有インピーダンスを求めよ．

☐ **3** 式 (2.29) の α, β を導け．

☐ **4** 海水など導電率の大きな媒質では，周波数が高いと誘電体として，低いと導体として扱われる．海水の導電率，$\sigma = 5$ [s/m]，比誘電率 $\varepsilon_r = 80$ として，その境界となる周波数を求めよ．

☐ **5** 直線偏波は 2 つの円偏波の合成であることを示せ．

☐ **6** 式 (2.48), (2.49) を導出せよ．

第3章

伝送線路

　前章で扱った平面波が空間を伝搬していくのと同様に，波長以下のごく限られた空間を電磁波が伝搬していく場合がある．その空間を**伝送線路**（伝送路：transmission line）と呼ぶ．この伝送線路は，**RF**（radio frequency）回路とアンテナを接続する接続線として重要な役目を担っている．高周波では，これらの伝送線路は入力端と出力端での電圧と電流が異なる分布定数回路として扱うことができる．ここでは，分布定数線路の基本を紹介すると共に，代表的な伝送線路である同軸線路と導波管について扱う．

3.1	分布定数線路
3.2	伝送線路の種類
3.3	導波管

3.1 分布定数線路

伝送させる周波数が低い場合，伝送線路上の同一導体では，電圧，電流が等しくなっている．しかし，高周波で用いる伝送線路では，抵抗 R, インダクタンス L, キャパシタンス C, コンダクタンス G といったものが一様に線路上に分布しているとして扱われ，図 3.1 に示すような等価回路として表される．分布定数線路上の電圧，電流は，場所と時間の関数として扱われる．ここで，抵抗 $R\,[\Omega/\mathrm{m}]$, インダクタンス $L\,[\mathrm{H/m}]$, キャパシタンス $C\,[\mathrm{F/m}]$, コンダクタンス $G\,[\mathrm{S/m}]$ は，線路 1 [m] あたりの値である．

この分布定数線路の任意の位置 z における微小区間 dz を考える．この微小区間の等価回路は，図 3.1 と同様に考え，図 3.2 のようになる．

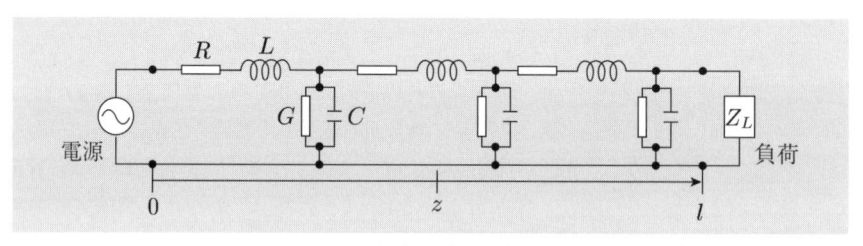

図 3.1 分布定数線路の等価回路

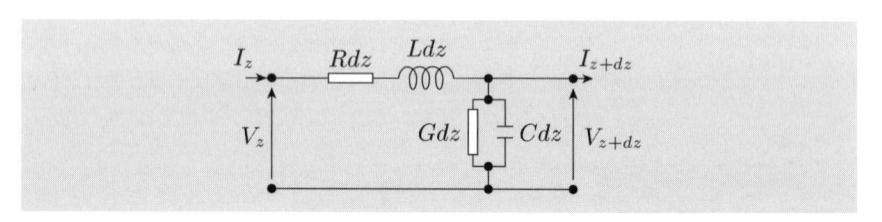

図 3.2 微小区間の等価回路

位置 z における電圧 V_z, 電流 I_z, 位置 $z+dz$ における電圧 V_{z+dz}, 電流 I_{z+dz} とすると，抵抗およびインダクタンスによる電圧降下 dV_z は次の式となる．

$$\frac{dV_z}{dz} = -(R+j\omega L)I_z \qquad (3.1)$$

また，同様にコンダクタンス，キャパシタンスによる漏洩電流 dI_z は，次の式となる．

3.1 分布定数線路

$$\frac{dI_z}{dz} = -(G + j\omega C)V_z \tag{3.2}$$

式 (3.1) を z で微分し，式 (3.2) に代入するすることで電流 I_z を消去すると，電圧 V_z に関する微分方程式になる．

$$\frac{d^2 V_z}{dz^2} = (R + j\omega L)(G + j\omega C)V_z = \gamma^2 V_z \tag{3.3}$$

この式は，ヘルムホルツ方程式であり，その解は指数関数で表される．

$$V_z = A_1 e^{-\gamma z} + A_2 e^{\gamma z} \, [\mathrm{V}] \tag{3.4}$$

ここで γ は**伝搬定数**（propagation constant）という．平面波のときと同様に，式 (3.4) の右辺第 1 項は，電源から負荷方向に伝搬する電圧（進行波），第 2 項はその逆方向の電圧（反射波）を示している．伝搬定数 γ は正負 2 通りが考えられるが，γ は次式とする．

$$\gamma = \sqrt{(R + j\omega L)(G + j\omega C)} \tag{3.5}$$

また，電流 I_z は，式 (3.1), (3.4) から求まる．

$$I_z = \frac{1}{Z_c}(A_1 e^{-\gamma z} - A_2 e^{\gamma z}) \, [\mathrm{A}] \tag{3.6}$$

ここで Z_c は特性インピーダンス（characteristic impedance）で，次式になる．

$$Z_c = \sqrt{\frac{R + j\omega L}{G + j\omega C}} \, [\Omega] \tag{3.7}$$

式 (3.5) の伝搬定数 γ は，一般には複素数であり，線路の減衰割合を示す**減衰定数**（attenuation constant）α と位相の変化の具合を示す**位相定数**（phase constant）β とに分けられる．

$$\gamma = \alpha + j\beta \tag{3.8}$$

$$\alpha = \sqrt{\frac{1}{2}\left\{\sqrt{(R^2 + \omega^2 L^2)(G^2 + \omega^2 C^2)} + (RG - \omega^2 LC)\right\}} \tag{3.9}$$

$$\beta = \sqrt{\frac{1}{2}\left\{\sqrt{(R^2 + \omega^2 L^2)(G^2 + \omega^2 C^2)} - (RG - \omega^2 LC)\right\}} \tag{3.10}$$

特に線路に減衰がない場合は，伝送線路内の波長を λ とすると，$\gamma = j\omega\sqrt{LC} = j\beta = j\dfrac{2\pi}{\lambda}$ となる．

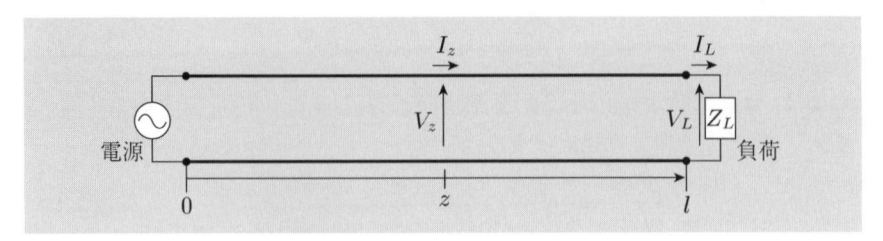

図 3.3 負荷を接続した伝送線路

伝送線路内では，この進行波と反射波が同時に存在しており，負荷の条件により分布状況が異なる．図 3.3 に示すように，伝送線路の長さを l，位置 z の電圧，電流を V_z, I_z，負荷端の電圧，電流を V_L, I_L とする．式 (3.4), (3.6) に $z = l$ を代入し，A_1, A_2 を求めると以下のようになる．

$$A_1 = \frac{V_L + Z_c I_L}{2} e^{\gamma l}, \quad A_2 = \frac{V_L - Z_c I_L}{2} e^{-\gamma l} \tag{3.11}$$

式 (3.11) を式 (3.4), (3.6) に代入して，次の式を得る．

$$V_z = \frac{V_L + Z_c I_L}{2} e^{\gamma(l-z)} + \frac{V_L - Z_c I_L}{2} e^{-\gamma(l-z)} \, [\mathrm{V}] \tag{3.12}$$

$$I_z = \left(\frac{V_L}{2Z_c} + \frac{I_L}{2}\right) e^{\gamma(l-z)} - \left(\frac{V_L}{2Z_c} - \frac{I_L}{2}\right) e^{-\gamma(l-z)} \, [\mathrm{A}] \tag{3.13}$$

式 (3.12) および式 (3.13) を双曲線関数で表記すると，次式になる．

$$V_z = V_L \cosh \gamma(l-z) + Z_c I_L \sinh \gamma(l-z) \, [\mathrm{V}] \tag{3.14}$$

$$I_z = I_L \cosh \gamma(l-z) + \frac{V_L}{Z_c} \sinh \gamma(l-z) \, [\mathrm{A}] \tag{3.15}$$

その結果，位置 z のインピーダンス Z_z は，$Z_L = V_L/I_L$ なので，次のように表される．

$$Z_z = Z_c \frac{Z_L \cosh \gamma(l-z) + Z_c \sinh \gamma(l-z)}{Z_c \cosh \gamma(l-z) + Z_L \sinh \gamma(l-z)} \, [\Omega] \tag{3.16}$$

入力インピーダンス (input impedance) Z_{in} は $z = 0$ を代入し，式 (3.17) を得る．

$$Z_{\mathrm{in}} = Z_c \frac{Z_L \cosh \gamma l + Z_c \sinh \gamma l}{Z_c \cosh \gamma l + Z_L \sinh \gamma l} \, [\Omega] \tag{3.17}$$

この式からも分かるように，入力端から見たインピーダンス Z_{in} は，**負荷インピーダンス** (load impedance) Z_L の値と，線路の長さ l で変化する．ここ

で負荷インピーダンス Z_L の**整合** (matching) がとれている場合 ($Z_L = Z_c$), $Z_{in} = Z_c$ となり伝送線路上のどの場所でも特性インピーダンスと等しくなり, 反射波がない進行波だけの状態となる.

■ **例題 3.1**

特性インピーダンスが 75 [Ω] で長さが $\lambda/4$ の線路に, 負荷インピーダンス 100 [Ω] が接続されている. この入力インピーダンスを求めよ.

【解答】 $\gamma = j\dfrac{2\pi}{\lambda}$ より, $\gamma l = j\dfrac{\pi}{2}$ となり, 式 (3.17) より, 入力インピーダンス $Z_{in} = Z_c \dfrac{Z_L \cosh \gamma l + Z_c \sinh \gamma l}{Z_c \cosh \gamma l + Z_L \sinh \gamma l} = 75 \dfrac{100 \cos \frac{\pi}{2} + 75 \sin \frac{\pi}{2}}{75 \cos \frac{\pi}{2} + 100 \sin \frac{\pi}{2}} = \dfrac{75^2}{100} = 56.25$ [Ω] となる. ■

伝送線路上の進行波と反射波の電圧の比を**反射係数** (reflection coefficient) Γ といい, 負荷点での反射係数 Γ は, 式 (3.18) のように平面波の境界条件と同様に線路の特性インピーダンス Z_c と負荷インピーダンス Z_L だけで求まる. これらインピーダンスが複素数なので, 反射係数 Γ も複素数となり, 負荷インピーダンスの大きさにより $|\Gamma| \leq 1$ となる. 特に, 負荷インピーダンス Z_L が 0 のときは $\Gamma = -1$ となり, 無限大のときは $\Gamma = 1$ となる. 整合がとれているとき ($Z_L = Z_c$) は 0 になる.

$$\Gamma = \frac{\text{反射波の電圧}}{\text{進行波の電圧}} = \frac{Z_L - Z_c}{Z_L + Z_c} \tag{3.18}$$

また, 伝送線路内の電圧の最大値 $|V|_{max}$ と最小値 $|V|_{min}$ の比を**電圧定在波比**, **VSWR** (voltage standing wave ratio) といい, 以下で定義される.

$$\rho = \frac{|V|_{max}}{|V|_{min}} = \frac{1 + |\Gamma|}{1 - |\Gamma|} \tag{3.19}$$

■ **例題 3.2**

特性インピーダンスが 75 [Ω] の線路に, 負荷インピーダンス 100 [Ω] が接続されている. この線路の電圧定在波比 VSWR を求めよ.

【解答】 式 (3.18) より, 反射係数は, $\Gamma = \dfrac{Z_L - Z_c}{Z_L + Z_c} = \dfrac{100 - 75}{100 + 75} = \dfrac{25}{175}$. VSWR は, 式 (3.19) より, $\rho = \dfrac{1 + |\Gamma|}{1 - |\Gamma|} = \dfrac{1 + \frac{25}{175}}{1 - \frac{25}{175}} = \dfrac{200}{150} \cong 1.33$ となる. ■

3.2 伝送線路の種類

ここでは，一般によく使用される2導体系の伝送線路を紹介する．2導体系伝送線路内では，TEM波または準TEM波（quasi TEM wave）が伝搬する．マイクロストリップ線路など，伝搬方向にも電磁界が生じるがその値は十分小さく，実用上はTEM波とみなせるものを準TEM波という．

■3.2.1 同軸線路

同軸線路（coaxial cable）は図3.4に示すように中心導体と円筒導体によって形成されている．一般にはテレビと地上波アンテナ，衛星アンテナとの接続に使用されている．

同軸線路の単位長さ当たりのインダクタンスLおよび容量Cはアンペアの法則およびガウスの法則から次式のようになる．

$$L = \frac{\mu}{2\pi} \ln \frac{b}{a} \,[\text{H/m}] \tag{3.20}$$

$$C = \frac{2\pi\varepsilon}{\ln \frac{b}{a}} \,[\text{F/m}] \tag{3.21}$$

ここで$\ln$は，底をオイラー数（ネイピア数）eとする自然対数である．また，μ, εは同軸線路内の空間（絶縁物）の透磁率，誘電率であり，絶縁物としては，一般的にポリエチレンやフッ素樹脂などが用いられている．同軸線路の特性インピーダンスZ_cは，以下の式で表され，通常$50\,[\Omega]$，$75\,[\Omega]$の同軸線路が使われている．

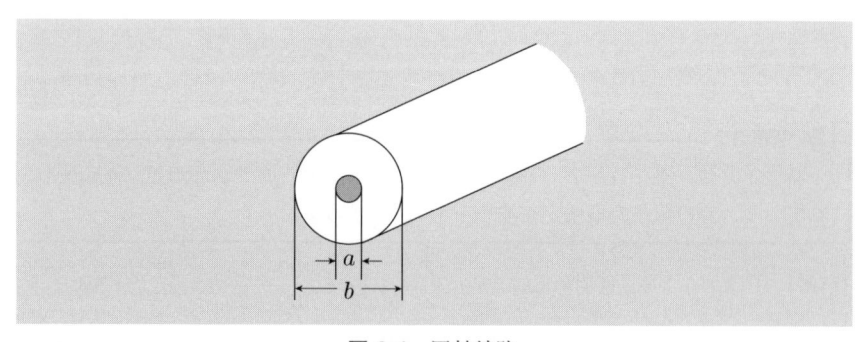

図 3.4　同軸線路

$$Z_c = \sqrt{\frac{L}{C}} = \frac{1}{2\pi}\sqrt{\frac{\mu}{\varepsilon}}\ln\frac{b}{a}\ [\Omega] \tag{3.22}$$

■3.2.2 平行2線

平行2線(Lecher line)は図3.5に示すように,平行な2つの導体で構成されている.この線路は構造が簡単で安価に構成できるが,先の同軸線路のようにシールドされていないため,外部機器などの影響を受けやすい.比較的低い周波数で使われ,テレビとの接続線や電話線として使用されている.

平行2線の単位長さ当たりのインダクタンス L と容量 C および特性インピーダンス Z_c は次式のようになる.

$$L = \frac{\mu}{\pi}\ln\frac{2D}{d}\ [\text{H/m}] \tag{3.23}$$

$$C = \frac{\pi\varepsilon}{\ln\frac{2D}{d}}\ [\text{F/m}] \tag{3.24}$$

$$Z_c = \sqrt{\frac{L}{C}} = \frac{1}{\pi}\sqrt{\frac{\mu}{\varepsilon}}\ln\frac{2D}{d}\ [\Omega] \tag{3.25}$$

ここで,μ, ε は平行2線の周囲の絶縁物の透磁率,誘電率である.絶縁物としては,一般的にポリエチレンなどが用いられており,特性インピーダンスは $300\ [\Omega]$ で使用されることが多い.

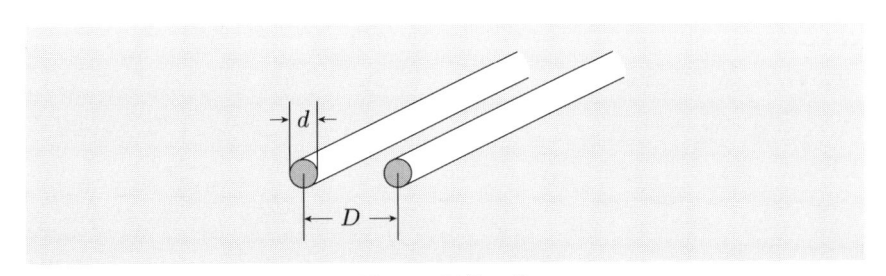

図 3.5 平行2線

■3.2.3 マイクロストリップ線路

マイクロストリップ線路(microstrip line)は,プリント基板などを用いた線路であり,図3.6に示すように,金属で裏打ちされた誘電体上に,幅の狭い導体線路を形成したものである.その構造から,同一基板内にアンテナや回路

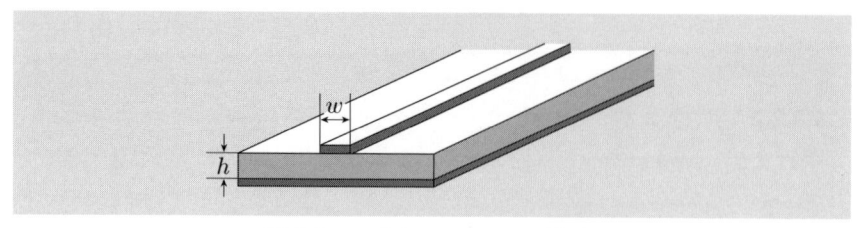

図 3.6 マイクロストリップ線路

を製作できるなど融合性，製造の簡易化，低価格化などメリットがある．また，平行 2 線と同様，シールドされていないため外部機器の影響を受けやすく，さらに誘電体の損失があるが，様々な対応策が提案されている．

マイクロストリップ線路の特性インピーダンスと波長は，次式で表される．

$$\left.\begin{aligned} Z_c &= \frac{120\pi}{\sqrt{\varepsilon_{\text{eff}}}}\,[\Omega] \\ \lambda_g &= \frac{\lambda_0}{\sqrt{\varepsilon_{\text{eff}}}}, \quad \varepsilon_{\text{eff}} = \frac{\varepsilon_r+1}{2} + \frac{\varepsilon_r-1}{2}\left(\frac{1}{\sqrt{1+10h/w}}\right) \end{aligned}\right\} \quad (3.26)$$

ここで，ε_r はマイクロストリップ線路に使用されている誘電体の比誘電率であり，実効比誘電率 ε_{eff} は近似式である．一般的にエポキシ樹脂，フッ素樹脂，セラミックスなどが用いられている．特性インピーダンスは，50 [Ω] で使用されることが多い．

3.3 導波管

導波管(waveguide)は金属でできた筒状の線路であり,代表的な断面は矩形と円形である.金属筒であるため,伝搬中の放射損失や導体損失がなく,中空なので誘電体損失も無視できるが,線路として曲げなどの柔軟性はなく,重く高価になる.そのため,マイクロ波帯やミリ波帯のように周波数が高い場合に,同軸線路などの伝送損失が無視できない用途に使用する.

2導体系の伝送線路と異なり,TEM波は存在しえず,TE波,TM波あるいはそれらのハイブリッド波が存在することになる.これらは,導波管の境界条件によって決まる.そのため,導波管はその断面の大きさにより使用できる周波数や伝送モードが異なる.ここでは,矩形導波管について説明する.図3.7に矩形導波管の構造を示す.長辺がa,短辺がbの断面を持った中空の金属筒である.断面の大きさは,周波数帯に応じて規格により定まっている.

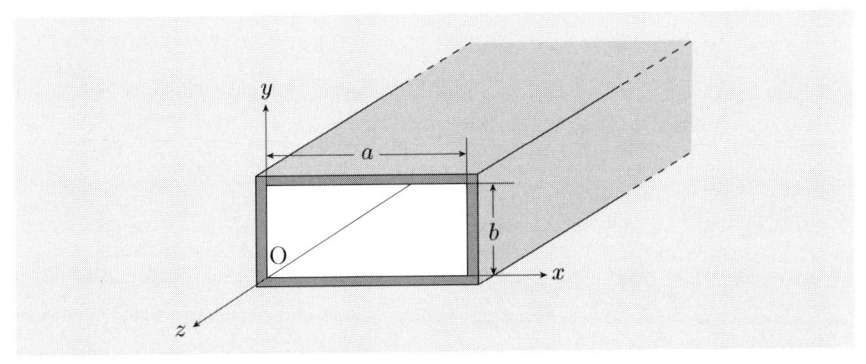

図 3.7 矩形導波管

z方向への伝搬定数をγとすれば,電磁界に$e^{-\gamma z}$が含まれることになり,波源が存在しないマクスウェルの方程式において,偏微分$\dfrac{\partial}{\partial z}$を$-\gamma$と置き換えられ,次式が得られる.

$$\left.\begin{aligned}\frac{\partial E_z}{\partial y}+\gamma E_y &= -j\omega\mu H_x \\ -\gamma E_x-\frac{\partial E_z}{\partial x} &= -j\omega\mu H_y \\ \frac{\partial E_y}{\partial x}-\frac{\partial E_x}{\partial y} &= -j\omega\mu H_z\end{aligned}\right\} \tag{3.27}$$

$$\left.\begin{aligned}\frac{\partial H_z}{\partial y}+\gamma H_y &= j\omega\varepsilon E_x \\ -\gamma H_x-\frac{\partial H_z}{\partial x} &= j\omega\varepsilon E_y \\ \frac{\partial H_y}{\partial x}-\frac{\partial H_x}{\partial y} &= j\omega\varepsilon E_z\end{aligned}\right\} \tag{3.28}$$

以上を管軸方向の電磁界 E_z, H_z で各成分を整理して表すと次のようになる.

$$\left.\begin{aligned}E_x &= \frac{1}{\gamma^2+k^2}\left(-\gamma\frac{\partial E_z}{\partial x}-j\omega\mu\frac{\partial H_z}{\partial y}\right) \\ E_y &= \frac{1}{\gamma^2+k^2}\left(-\gamma\frac{\partial E_z}{\partial y}+j\omega\mu\frac{\partial H_z}{\partial x}\right)\end{aligned}\right\} \tag{3.29}$$

$$\left.\begin{aligned}H_x &= \frac{1}{\gamma^2+k^2}\left(j\omega\varepsilon\frac{\partial E_z}{\partial y}-\gamma\frac{\partial H_z}{\partial x}\right) \\ H_y &= \frac{1}{\gamma^2+k^2}\left(-j\omega\varepsilon\frac{\partial E_z}{\partial x}-\gamma\frac{\partial H_z}{\partial y}\right)\end{aligned}\right\} \tag{3.30}$$

ここで, 式 (3.29) を式 (3.27) の第 3 式に, 式 (3.30) を式 (3.28) の第 3 式にそれぞれ代入すると, H_z, E_z のみの式が得られる.

$$\left(\frac{\partial^2}{\partial x^2}+\frac{\partial^2}{\partial y^2}+\gamma^2+k^2\right)H_z=0 \tag{3.31}$$

$$\left(\frac{\partial^2}{\partial x^2}+\frac{\partial^2}{\partial y^2}+\gamma^2+k^2\right)E_z=0 \tag{3.32}$$

これらの微分方程式は, 変数分離法で解ける.

■3.3.1　TE 波

TE 波は H モードとも呼ばれ, 伝搬方向 z に電界が存在せず $E_z=0$ である. また, 矩形導波管の境界条件は以下のようになる.

$$x=0,\ x=a\ \text{で}\ E_y=0 \tag{3.33}$$

$$y=0,\ y=b\ \text{で}\ E_x=0 \tag{3.34}$$

このような境界条件を満たす式 (3.31) の微分方程式の解は次式のようになる.

$$\left.\begin{aligned}H_z &= H_{mn}\cos\left(\frac{m\pi}{a}x\right)\cos\left(\frac{n\pi}{b}y\right) \\ (m &= 0,1,2,3\cdots,\quad n=0,1,2,3\cdots)\end{aligned}\right\} \tag{3.35}$$

ここで m, n が同時に 0 になることはない．式 (3.35) を式 (3.31) に代入し，任意の m, n で常に成り立たせるには，伝搬定数 γ_{mn} は次式となる．

$$\gamma_{mn}^2 = \left(\frac{m\pi}{a}\right)^2 + \left(\frac{n\pi}{b}\right)^2 - k^2 \tag{3.36}$$

以上により，導波管内の電磁界の各成分は，以下となる．

$$\left.\begin{aligned}
E_x &= \frac{j\omega\mu}{\gamma_{mn}^2 + k^2}\left(\frac{n\pi}{b}\right) H_{mn} \cos\left(\frac{m\pi}{a}x\right) \sin\left(\frac{n\pi}{b}y\right) e^{-\gamma_{mn}z} \\
E_y &= -\frac{j\omega\mu}{\gamma_{mn}^2 + k^2}\left(\frac{m\pi}{a}\right) H_{mn} \sin\left(\frac{m\pi}{a}x\right) \cos\left(\frac{n\pi}{b}y\right) e^{-\gamma_{mn}z} \\
E_z &= 0 \\
H_x &= \frac{\gamma}{\gamma_{mn}^2 + k^2}\left(\frac{m\pi}{a}\right) H_{mn} \sin\left(\frac{m\pi}{a}x\right) \cos\left(\frac{n\pi}{b}y\right) e^{-\gamma_{mn}z} \\
H_y &= -\frac{\gamma}{\gamma_{mn}^2 + k^2}\left(\frac{n\pi}{b}\right) H_{mn} \cos\left(\frac{m\pi}{a}x\right) \sin\left(\frac{n\pi}{b}y\right) e^{-\gamma_{mn}z} \\
H_z &= H_{mn} \cos\left(\frac{m\pi}{a}x\right) \cos\left(\frac{n\pi}{b}y\right) e^{-\gamma_{mn}z}
\end{aligned}\right\} \tag{3.37}$$

ここで m, n は，導波管内の電磁界分布の特徴を示しており，それぞれ m は x 方向に m 個，n は y 方向に n 個の半周期分の正弦波状の界分布の変化があることを意味している．このような界分布を**モード** (mode) といい，TE_{mn} モードと記す．

■3.3.2 T M 波

TM 波は E モードとも呼ばれ，伝搬方向 z に電界が存在せず，$H_z = 0$ である．また，矩形導波管の境界条件は以下のようになる．

$$x = 0,\ x = a\ \text{で}\ E_z = 0 \tag{3.38}$$

$$y = 0,\ y = b\ \text{で}\ E_z = 0 \tag{3.39}$$

このような境界条件を満たす式 (3.32) の微分方程式の解は次式のようになる．

$$\left.\begin{aligned}
E_z &= E_{mn} \cos\left(\frac{m\pi}{a}x\right) \cos\left(\frac{n\pi}{b}y\right) \\
&(m = 1, 2, 3\cdots,\quad n = 1, 2, 3\cdots)
\end{aligned}\right\} \tag{3.40}$$

伝搬定数 γ は，TE 波と同様に式 (3.36) で示される．

以上より，導波管内の電磁波の各成分は，以下となる．

$$\left.\begin{aligned}
E_x &= -\frac{\gamma}{\gamma_{mn}^2 + k^2}\left(\frac{m\pi}{a}\right) E_{mn} \cos\left(\frac{m\pi}{a}x\right) \sin\left(\frac{n\pi}{b}y\right) e^{-\gamma_{mn}z} \\
E_y &= -\frac{\gamma}{\gamma_{mn}^2 + k^2}\left(\frac{n\pi}{b}\right) E_{mn} \sin\left(\frac{m\pi}{a}x\right) \cos\left(\frac{n\pi}{b}y\right) e^{-\gamma_{mn}z} \\
E_z &= E_{mn} \sin\left(\frac{m\pi}{a}x\right) \sin\left(\frac{n\pi}{b}y\right) e^{-\gamma_{mn}z} \\
H_x &= \frac{j\omega\varepsilon}{\gamma_{mn}^2 + k^2}\left(\frac{n\pi}{b}\right) E_{mn} \sin\left(\frac{m\pi}{a}x\right) \cos\left(\frac{n\pi}{b}y\right) e^{-\gamma_{mn}z} \\
H_y &= -\frac{j\omega\varepsilon}{\gamma_{mn}^2 + k^2}\left(\frac{m\pi}{a}\right) E_{mn} \cos\left(\frac{m\pi}{a}x\right) \sin\left(\frac{n\pi}{b}y\right) e^{-\gamma_{mn}z} \\
H_z &= 0
\end{aligned}\right\} \quad (3.41)$$

TM 波の場合も TE 波と同様に，導波管内の電磁界分布に応じて TM_{mn} モードと記す．代表的なモード分布を図 3.8 に示す．

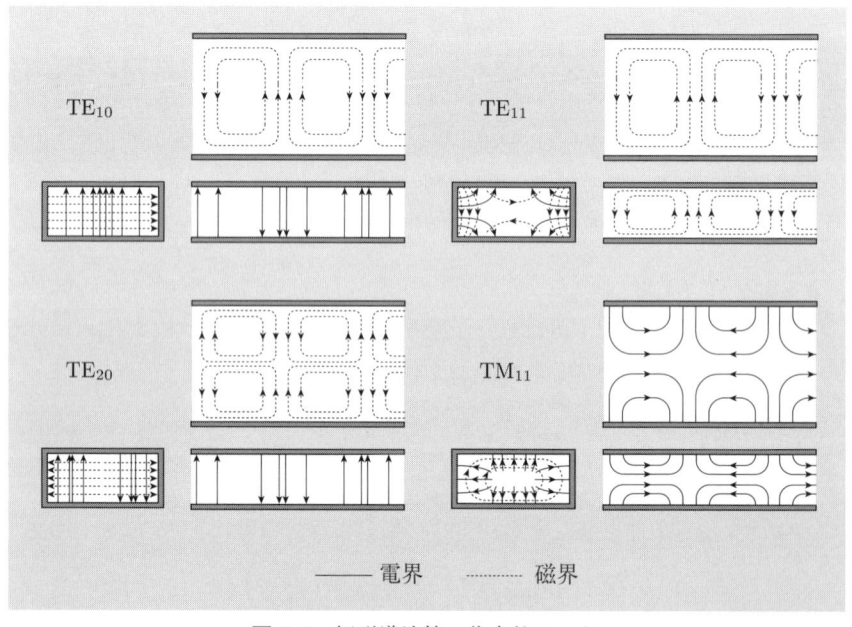

図 3.8　矩形導波管の代表的モード

■3.3.3 遮断周波数

導波管内の電磁波の伝搬は，伝搬定数 γ によって決まる．導波管内を電磁波が伝搬するには伝搬定数 γ_{mn} は純虚数にする必要があり，そのためには下記の条件を満たす波数 k となる．

$$k^2 > \left(\frac{m\pi}{a}\right)^2 + \left(\frac{n\pi}{b}\right)^2 \triangleq k_c^2 = \omega_c^2 \varepsilon\mu \tag{3.42}$$

ここで導波管の構造，モードから**遮断** (cut-off) 波数 k_c が求まる．また，**遮断周波数** (cut-off frequency) f_c，遮断波長 λ_c も次式のようになる．

$$f_c = \frac{\omega_c}{2\pi} = \frac{1}{2\pi\sqrt{\varepsilon\mu}}\sqrt{\left(\frac{m\pi}{a}\right)^2 + \left(\frac{n\pi}{b}\right)^2} \tag{3.43}$$

$$\lambda_c = \frac{2\pi}{\sqrt{\left(\frac{m\pi}{a}\right)^2 + \left(\frac{n\pi}{b}\right)^2}} \tag{3.44}$$

伝送しようとしている電磁波は，その周波数 f が式 (3.43) の遮断周波数 f_c より低いと減衰し伝搬せず，遮断周波数 f_c より高いと減衰せずに伝搬することになる．2 導体系の伝送路は TEM 波で直流から高周波まで伝搬できるが，導波管は，TE 波あるいは TM 波を伝搬し，一種のハイパスフィルタの機能も持っている点が，2 導体系の伝送路と大きく異なっている．

矩形導波管の場合，その断面形状を $a = 2b$ とするものが多く使用されている．式 (3.43) からも分かるように，TE_{10} モードで一番低い周波数から伝搬可能となり，モードの次数が (TE_{01}, TE_{20}), (TE_{11}, TM_{11}) と高くなるに従い，伝搬できる周波数が高くなる．この最も低い遮断周波数となるモードを**基本モード** (dominant mode)，それより高い遮断周波数のものを**高次モード** (higher mode) という．

■ 例題 3.3

内部が幅 $50\,[\mathrm{mm}]$，高さ $25\,[\mathrm{mm}]$ の矩形導波管の遮断波長，遮断周波数を求めよ．

【**解答**】基本モードは TE_{10} なので，$m = 1, n = 0$ となる．遮断波長 λ_c は式 (3.44) より

$$\lambda_c = \frac{2\pi}{\sqrt{\left(\frac{m\pi}{a}\right)^2 + \left(\frac{n\pi}{b}\right)^2}} = 2a = 0.1\,[\mathrm{m}]$$

$$f_c = \frac{c}{\lambda_c} = \frac{3 \times 10^8}{0.1} = 3 \times 10^9 \,[\text{Hz}] = 3\,[\text{GHz}]$$

となる．

■3.3.4 位相速度，群速度

図 3.8 で示したように，導波管内は管軸方向に電磁界の最大と最小が繰り返し発生する．この周期の間隔を**管内波長**（guide wavelength）λ_g といい，次式で示される．

$$\lambda_g = \frac{2\pi}{\sqrt{k^2 - \left\{\left(\frac{m\pi}{a}\right)^2 + \left(\frac{n\pi}{b}\right)^2\right\}}} = \frac{\lambda}{\sqrt{1 - \left(\frac{\lambda}{\lambda_c}\right)^2}} \quad (3.45)$$

導波管内を伝搬する電磁界は管壁で反射を繰り返しながら伝搬していく．基本モードである TE_{10} モードでは，管内の平面波の伝搬として考えることができる．図 3.9 に示すように，広壁幅が a の導波管内を電磁波が左から右に伝搬しているとする．この導波管内の伝搬方向に対して，$\pm\theta$ の傾きで平面波 A および B が進行し，それぞれ A → A′ → A″，B → B′ → B″ と波面が進んでいるとする．点 D で平面波 A，B の位相が揃い強め合ったとすると，点 E では逆相になり弱め合い，点 F では再び同相となり強め合う．このときの点 DF 間の距離が管内波長 λ_g に相当する．

管内波長 λ_g は，点 G に着目すると AA″ 間が波長 λ に相当するので GH 間は $\lambda/4$ になることから，$\dfrac{\lambda_g}{4}\cos\theta = \dfrac{\lambda}{4}$ となり，

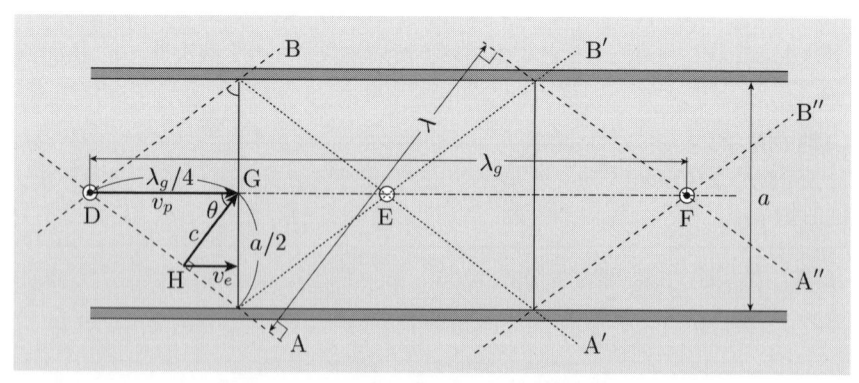

図 3.9　2 つの平面波による合成電磁界

3.3 導波管

$$\left.\begin{array}{c}\lambda_g = \dfrac{\lambda}{\cos\theta} = \dfrac{\lambda}{\sqrt{1-\sin^2\theta}} = \dfrac{\lambda}{\sqrt{1-\left(\frac{\lambda}{2a}\right)^2}} \\ \because\ \sin\theta = \dfrac{\lambda}{4}\bigg/\dfrac{a}{2}\end{array}\right\} \quad (3.46)$$

となる．この値は，TE_{10} モードの遮断周波数が式 (3.44) から $\lambda_c = 2a$ となることから，式 (3.45) で求まる管内波長と同じになる．また，同位相になる点 D が点 F まで進行する速度を**位相速度**（phase velocity）v_p という．GH 間の平面波の進行速度は光速 c となるので，次式となる．

$$v_p = \frac{c}{\cos\theta} = \frac{c}{\sqrt{1-\left(\frac{\lambda}{2a}\right)^2}} \quad (3.47)$$

この位相速度 v_p は，光速 c よりも速くなるが，見かけだけの速度であり，電磁波のエネルギーの伝搬速度ではない．実際に電磁波のエネルギーが管軸に沿って伝搬する速度は，**群速度**（group velocity）v_g という．群速度 v_g は，

$$v_g = \frac{伝送電力\ P}{単位長さ当たりの蓄積エネルギー\ W}$$

で表される．伝送電力 P はポインティングベクトルを導波管断面積について積分すれば求められる．TE_{10} モードの電磁界は式 (3.37) から求まるので，伝送電力 P は次式となる．

$$\begin{aligned}P &= \frac{1}{2}\mathcal{R}e\int_0^a\int_0^b (\boldsymbol{E}\times\boldsymbol{H}^*)dxdy \\ &= \frac{1}{2}\mathcal{R}e\int_0^a\int_0^b E_y H_x dxdy \\ &= \frac{1}{2}\omega\mu\gamma_{10}\left(\frac{a}{\pi}\right)^2 H_{10}^2 \int_0^a\int_0^b \sin^2\left(\frac{\pi x}{a}\right)dxdy \\ &= \frac{1}{4}\omega\mu\gamma_{10}\left(\frac{a}{\pi}\right)^2 H_{10}^2 ab \end{aligned} \quad (3.48)$$

また，蓄積エネルギー W は，電界の蓄積エネルギー W_E と磁界の蓄積エネルギー W_H の和なので，$W = W_E + W_H$ となる．

$$\begin{aligned}W_E &= \frac{1}{2}\left(\frac{\varepsilon}{2}\int_0^a\int_0^b E_y E_y^* dxdy\right) \\ &= \frac{\varepsilon}{4}\omega^2\mu^2\left(\frac{a}{\pi}\right)^2 H_{10}^2 \int_0^a\int_0^b \sin^2\left(\frac{\pi x}{a}\right)dxdy\end{aligned}$$

$$= \frac{\varepsilon}{8}\omega^2\mu^2\left(\frac{a}{\pi}\right)^2 H_{10}^2 ab \tag{3.49}$$

$$W_H = \frac{1}{2}\left\{\frac{\mu}{2}\int_0^a\int_0^b (H_x H_x^* + H_z H_z^*) dxdy\right\}$$

$$= \frac{\mu}{4}H_{10}^2\left\{\int_0^a\int_0^b \cos^2\left(\frac{\pi x}{a}\right) dxdy + \gamma_{10}^2\left(\frac{a}{\pi}\right)^2 \int_0^a\int_0^b \sin^2\left(\frac{\pi x}{a}\right) dxdy\right\}$$

$$= W_E \tag{3.50}$$

よって, 群速度 v_g は, 以下となる.

$$v_g = \frac{P}{W} = \frac{\gamma_{10}}{\omega\mu\varepsilon} = c\frac{\gamma_{10}}{k} = c\cos\theta = c\sqrt{1 - \left(\frac{\lambda}{2a}\right)^2} \tag{3.51}$$

TE$_{10}$ モードの他でも同様の関係が成り立ち, 位相速度 v_p, 群速度 v_g の一般式は以下となる.

$$v_p = \frac{c}{\cos\theta} = \frac{c}{\sqrt{1 - \left(\frac{\lambda}{\lambda_c}\right)^2}} \tag{3.52}$$

$$v_g = c\cos\theta = c\sqrt{1 - \left(\frac{\lambda}{\lambda_c}\right)^2} \tag{3.53}$$

また, 位相速度 v_p と群速度 v_g との関係は以下のようになる.

$$v_p v_g = c^2 \tag{3.54}$$

3 章 の 問 題

- [ ] **1** 電圧定在波比 ρ を用いて，反射係数 Γ を表せ．

- [ ] **2** 反射係数が 0.1 のとき，電圧定在波比 ρ を求めよ．

- [ ] **3** 内部導体の直径 2.9 [mm]，外部導体の直径 9.7 [mm] の同軸線路がある．この線路の特性インピーダンスが 50 [Ω] とすると，充填されている誘電体の比誘電率を求めよ．

- [ ] **4** 問題 3 を元に，同軸線路が，50 [Ω] と 75 [Ω] で使われている理由を述べよ．

- [ ] **5** 導線の直径 1 [mm]，線間隔 19 [mm] の平行 2 線線路が比誘電率 2.1 の誘電体で被覆されている．この線路の特性インピーダンスを求めよ．

- [ ] **6** 矩形導波管の規格 WRJ-10（内部の幅 22.9 [mm]，高さ 10.2 [mm]）のとき，TE_{10} モードだけが伝搬する条件を求めよ．

第4章

電磁波の放射

　第2章で求めたヘルムホルツの方程式は，波源から距離が十分に離れた無限の広がりを持つ平面波を表現するものであった．本章では，有限の大きさの波源からの放射電磁界を扱う．

4.1	波源からの放射	
4.2	微小電流素子からの放射	
4.3	指向性	
4.4	放射抵抗と入力インピーダンス	
4.5	実効長	
4.6	利得	
4.7	可逆定理	

4.1　波源からの放射

波源から放射される電磁界は，ヘルムホルツの方程式で表現可能であるが，直接，E, H の値が分かる式にはなっていない．ある場所の電界，磁界を求めるには，電荷と関係する**スカラポテンシャル**（scalar potential）と電流と関係する**ベクトルポテンシャル**（vector potential）という数学的な変数を導入すると便利である．

式 (2.3) より $\nabla \cdot H = 0$ となり，ベクトル公式 $\nabla \cdot \nabla \times A = 0$ と比較することにより，磁界 H は下記のように表される．

$$H = \nabla \times A \tag{4.1}$$

これを式 (2.15) に代入することにより，

$$\nabla \times (E + j\omega\mu A) = 0 \tag{4.2}$$

となる．さらにベクトル公式 $\nabla \times \nabla \phi = 0$ と比較することにより，電界 E は以下の式で表される．

$$E = \nabla \phi - j\omega\mu A \tag{4.3}$$

式 (1.1), (1.3) で示すように磁界および電界をベクトルポテンシャルおよびスカラポテンシャルで表すことができる．このベクトルポテンシャルおよびスカラポテンシャルと物理的な意味を結び付けよう．式 (1.1), (1.3) を式 (2.14) に代入すると，

$$\nabla \times \nabla \times A - k^2 A - j\omega\hat{\varepsilon}\nabla\phi = J_0 \tag{4.4}$$

となる．ここで，ベクトル公式 $\nabla \times \nabla \times A = \nabla(\nabla \cdot A) - \nabla^2 A$ を用いると，$\nabla(\nabla \cdot A) - \nabla^2 A - k^2 A - j\omega\hat{\varepsilon}\nabla\phi = J_0$ となり，整理すると以下のようになる．

$$\nabla(\nabla \cdot A - j\omega\hat{\varepsilon}\phi) - \nabla^2 A - k^2 A = J_0 \tag{4.5}$$

ここでベクトルポテンシャル A とスカラポテンシャル ϕ は式 (1.5) の括弧内が 0 となるように以下を選択する．

$$\phi = \frac{1}{j\omega\hat{\varepsilon}}\nabla \cdot A \tag{4.6}$$

その結果，式 (1.5) は以下のようになる．

4.1 波源からの放射

$$\nabla^2 \boldsymbol{A} + k^2 \boldsymbol{A} = -\boldsymbol{J_0} \tag{4.7}$$

式 (1.3) の電界 $\boldsymbol{E}$ は，ベクトルポテンシャル $\boldsymbol{A}$ だけで表され次式となる．

$$\boldsymbol{E} = -j\omega\mu \left(\boldsymbol{A} + \frac{\nabla \nabla \cdot \boldsymbol{A}}{k^2} \right) \tag{4.8}$$

電界 $\boldsymbol{E}$ は，ベクトルポテンシャル $\boldsymbol{A}$ を求めれば決定することが分かる．図 1.1 のように座標を取ると，式 (1.7) よりベクトルポテンシャル $\boldsymbol{A}$ は以下のように求まることから，波源 $\boldsymbol{r_0}$ および観測点 $\boldsymbol{r}$ の座標が定まれば，式 (1.8), (1.1) より，電流源 $\boldsymbol{J_0}$ による電磁界 $\boldsymbol{E}$, $\boldsymbol{H}$ が求まる．

$$\boldsymbol{A} = \frac{1}{4\pi} \int_V \frac{\boldsymbol{J_0}(\boldsymbol{r_0})}{|\boldsymbol{r} - \boldsymbol{r_0}|} e^{-jk|\boldsymbol{r} - \boldsymbol{r_0}|} dV \tag{4.9}$$

以上，電流源 $\boldsymbol{J_0}$ による電磁界を求めた．金属板に開口部があるスロットからの放射などは，**磁流**（magnetic current）という概念を導入すると考えやすい．図 1.2 に示すように，電流 $\boldsymbol{J}$ が流れていると，その周りにアンペアの法則によ

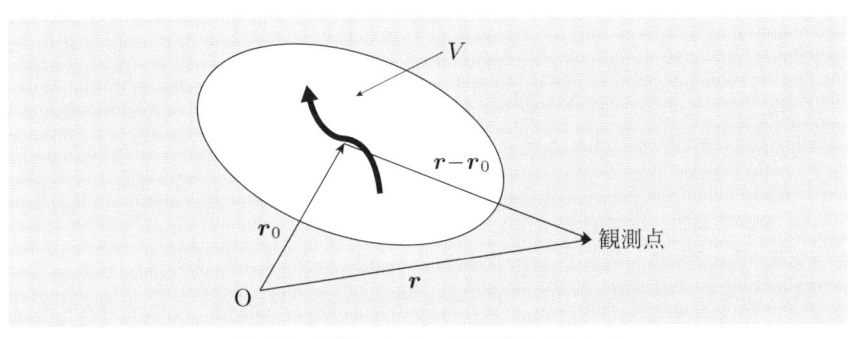

図 4.1 波源ベクトルと観測点ベクトル

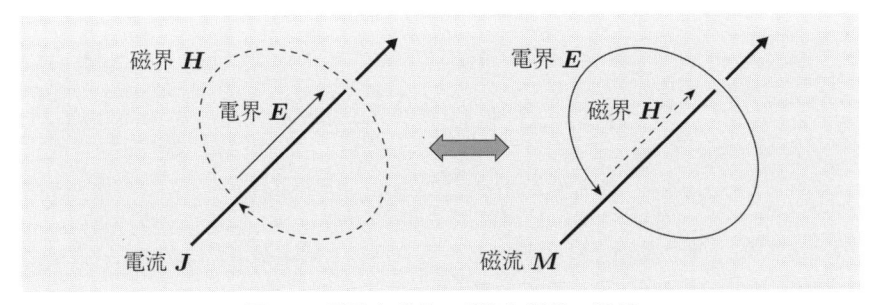

図 4.2 電流と磁界，磁流と電界の関係

り磁界 H が発生する．このとき，電流 J と同じ方向に電界 E が生じる．では，周回する電界 E が存在し，その中心に磁界 H が存在している場合，そこにはアンペアの法則と同じように，その原因となった波源 M が存在すると考えることができる．この波源を磁流 M とする．電流 J は単極電荷の移動であるが，磁荷は単極で存在しないため，磁流 M は概念であって実際には存在しない．磁流 M を導入したマクスウェルの方程式は，対称化され次式となる．

$$\nabla \times H = j\omega\varepsilon E + J \tag{4.10}$$

$$\nabla \times E = -j\omega\mu H - M \tag{4.11}$$

磁流 M を導入したマクスウェルの方程式の解を電流 J による電磁界 E_j, H_j と磁流 M による電磁界 E_m, H_m とに分けて考えると，次のマクスウェルの方程式が得られる．

$$\left.\begin{aligned}\nabla \times H_j &= j\omega\varepsilon E_j + J \\ \nabla \times E_j &= -j\omega\mu H_j\end{aligned}\right\} \tag{4.12}$$

$$\left.\begin{aligned}\nabla \times H_m &= j\omega\varepsilon E_m \\ \nabla \times E_m &= -j\omega\mu H_m - M\end{aligned}\right\} \tag{4.13}$$

このように式 (4.12) で次のような置き換えを行えば，式 (4.13) が得られる．

$$\varepsilon \leftrightarrow \mu, \quad J \leftrightarrow M, \quad E_j \leftrightarrow H_m, \quad H_j \leftrightarrow -E_m$$

このような電磁界の対称性を**バビネ (Babinet) の原理**（**相対定理**）という．

磁流源 M による放射は，バビネの原理から電磁界の定数を置き換えて以下の式で表される．

$$\nabla^2 A_m + k^2 A_m = -M \tag{4.14}$$

$$E = -\nabla \times A_m \tag{4.15}$$

$$H = -j\omega\varepsilon \left(A_m + \frac{\nabla\nabla \cdot A_m}{k^2}\right) \tag{4.16}$$

$$A_m = \frac{1}{4\pi}\int_V \frac{M(r_0)}{|r - r_0|}e^{-jk|r-r_0|}dV \tag{4.17}$$

ここで，A_m は，式 (4.15) に与えられるように，磁流源 M に対するベクトルポテンシャルである．

4.2 微小電流素子からの放射

最も基本的な波源としては，**微小電流素子**（small current element）が挙げられる．微小電流素子は，波長 λ に比べ十分に短い長さ l の線状電流素子である．図 4.3 に示すように，この線状電流素子に線電流 I が一様に z 方向に流れているとする．このとき，式 (4.9) で示したベクトルポテンシャルは，z 成分だけとなり，さらに電流素子の長さが微小なので，体積分は長さ l を被積分関数に乗じるだけでよく，次式のように表される．

$$\boldsymbol{A} = \frac{Il}{4\pi r} e^{-jkr} \hat{\boldsymbol{z}} \tag{4.18}$$

式 (4.18) を式 (4.1), (4.8) に代入することで，微小電流素子からの電磁界が求まる．

$$\left.\begin{aligned}
E_r &= \frac{Il}{j2\pi\omega\epsilon}\left(\frac{1}{r^3}+\frac{jk}{r^2}\right)\cos\theta e^{-jkr} \\
E_\theta &= \frac{Il}{j4\pi\omega\epsilon}\left(\frac{1}{r^3}+\frac{jk}{r^2}-\frac{k^2}{r}\right)\sin\theta e^{-jkr} \\
H_\varphi &= \frac{Il}{4\pi}\left(\frac{1}{r^2}+\frac{jk}{r}\right)\sin\theta e^{-jkr} \\
E_\varphi &= H_r = H_\theta = 0
\end{aligned}\right\} \tag{4.19}$$

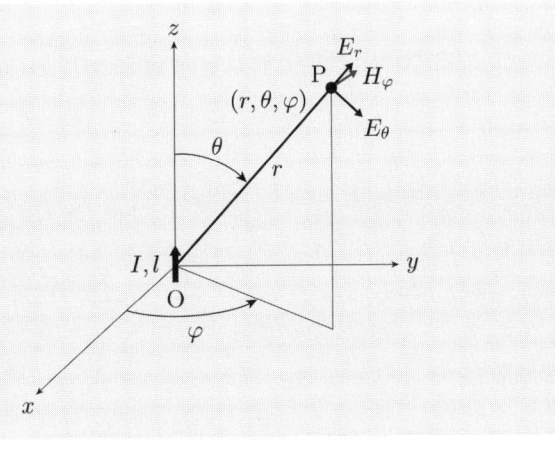

図 4.3 微小電流素子からの放射

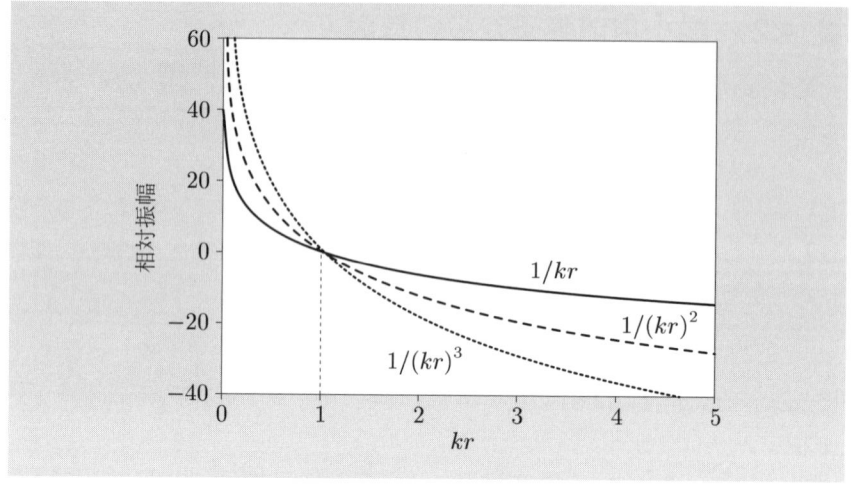

図 4.4 距離に対する電磁界の大きさ

　微小電流素子からの電磁界の各成分は，r^{-3}, r^{-2}, r^{-1} の距離に依存する 3 項から成り立っている．図 4.4 で示すように，波源に近い所では，r^{-3} の項が主となり，**準静電界**（quasi-static field）という．磁界の r^{-2} の項は，ビオ–サバールの法則に基づくものと一致し，**誘導界**（induction field）といわれる．十分に遠方になると，r^{-1} の項が支配的になり，**放射界**（far field）という．波源から十分に遠方での遠方放射界を式 (4.19) から求めると次式のようになる．

$$\left. \begin{aligned} E_\theta &= \frac{jkIl}{4\pi} Z_0 \frac{e^{-jkr}}{r} \sin\theta \\ H_\varphi &= \frac{jkIl}{4\pi} \frac{e^{-jkr}}{r} \sin\theta \\ E_r &= E_\varphi = H_r = H_\theta = 0 \end{aligned} \right\} \quad (kr \gg 1) \quad (4.20)$$

図 4.3 からも分かるように，E_θ, H_φ は電磁波の進行方向 $\hat{r}$ に対して互いに直交しており，また，E_θ と H_φ の比は，$E_\theta = Z_0 H_\varphi$ と空間の固有インピーダンスとなっており，平面波と同様である．

　微小磁流素子（small magnetic current element）からの電磁界についても，微小電流素子と同様に考えることができる．波長 λ に比べ十分に短い長さ l の線磁流 M が一様に z 方向に流れているとすると，電磁界は以下のようになる．

4.2 微小電流素子からの放射

$$\left.\begin{aligned}
H_r &= \frac{Ml}{j2\pi k Z_0}\left(\frac{1}{r^3}+\frac{jk}{r^2}\right)\cos\theta e^{-jkr}\\
H_\theta &= \frac{Ml}{j4\pi k Z_0}\left(\frac{1}{r^3}+\frac{jk}{r^2}-\frac{k^2}{r}\right)\sin\theta e^{-jkr}\\
E_\varphi &= -\frac{Ml}{4\pi}\left(\frac{1}{r^2}+\frac{jk}{r}\right)\sin\theta e^{-jkr}\\
H_\varphi &= E_r = E_\theta = 0
\end{aligned}\right\} \quad (4.21)$$

また,遠方放射界は,次式で表される.

$$\left.\begin{aligned}
H_\theta &= \frac{jkMl}{4\pi Z_0}\frac{e^{-jkr}}{r}\sin\theta\\
E_\varphi &= -\frac{jkMl}{4\pi}\frac{e^{-jkr}}{r}\sin\theta\\
H_r &= H_\varphi = E_r = E_\theta = 0
\end{aligned}\right\} \quad (kr \gg 1) \quad (4.22)$$

■ 例題 4.1

微小電流素子から垂直方向 ($\theta = \pi/2$) への放射を考える.準静電界,誘導電界,放射電界の強度が等しくなる距離を求めよ.

【解答】 垂直方向 ($\theta = \pi/2$) のときなので,式 (4.19) より電界は E_θ 成分だけとなる.準静電界,誘導電界,放射電界が等しくなるのは,$\dfrac{k^2}{r} = \dfrac{k}{r^2} = \dfrac{1}{r^3}$ となるときである.これより距離 $r = \dfrac{1}{k} = \dfrac{\lambda}{2\pi}$ のときに等しくなる.

4.3 指向性

放射電磁界は，放射（伝搬）する方向によって強度が異なっており，このことを**指向性**（directivity）という．一般的には，次式で表される．

$$\boldsymbol{E}(r,\theta,\varphi) = C\frac{e^{-jkr}}{r}\boldsymbol{D}(\theta,\varphi) = C\frac{e^{-jkr}}{r}\left\{E_\theta(\theta,\varphi)\hat{\boldsymbol{\theta}} + E_\varphi(\theta,\varphi)\hat{\boldsymbol{\varphi}}\right\} \tag{4.23}$$

C は，波源となる電流や磁流の大きさによって決まる定数であり，$\dfrac{e^{-jkr}}{r}$ は距離に応じて減少していく項である．また，$\boldsymbol{D}(\theta,\varphi)$ は**指向性係数**といわれ，放射方向に依存する強度を表す．この指向性係数を図示したものが，**放射パターン**（radiation pattern）である．

微小電流素子の放射パターンは，式 (4.20) に示されるように，θ 方向にのみ $\sin\theta$ で変化し，ϕ 方向には一様となっている．図 4.5 に示すように，z 軸を中心として ϕ 方向には一様なドーナツ状の放射パターンとなっている．このように，ある特定の面で一様な指向性を示すものを，**全方向性**（omnidirectional）という．これに対し，すべての方向に一様に放射する指向性を**無指向性**，**等方性**（isotropic）といい，$\boldsymbol{D}(\theta,\varphi) = \boldsymbol{C}$（定数）となる．現実には，等方性の波源は存在せず，仮想的なものである．一方，波源を含む面では，8 の字型の指向性を示し，$\theta = 90°$ が最大の放射方向になる．図 4.6 のように，電界ベクトルを含む面での指向性を図示したものを E 面パターンといい，磁界ベクトルを含

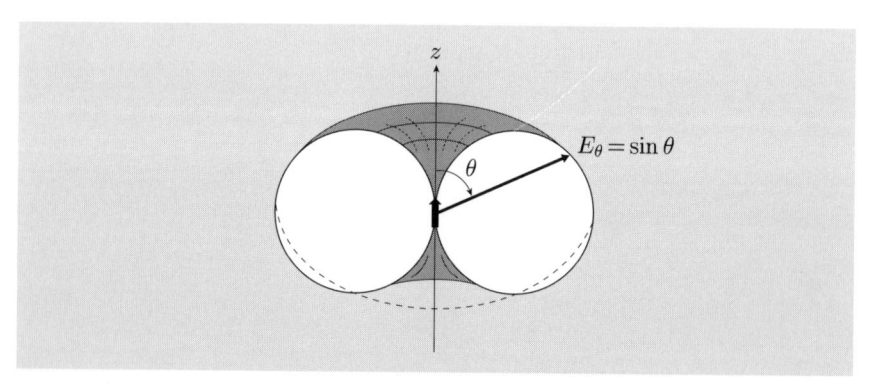

図 4.5 微小電流素子の指向性

4.3 指 向 性

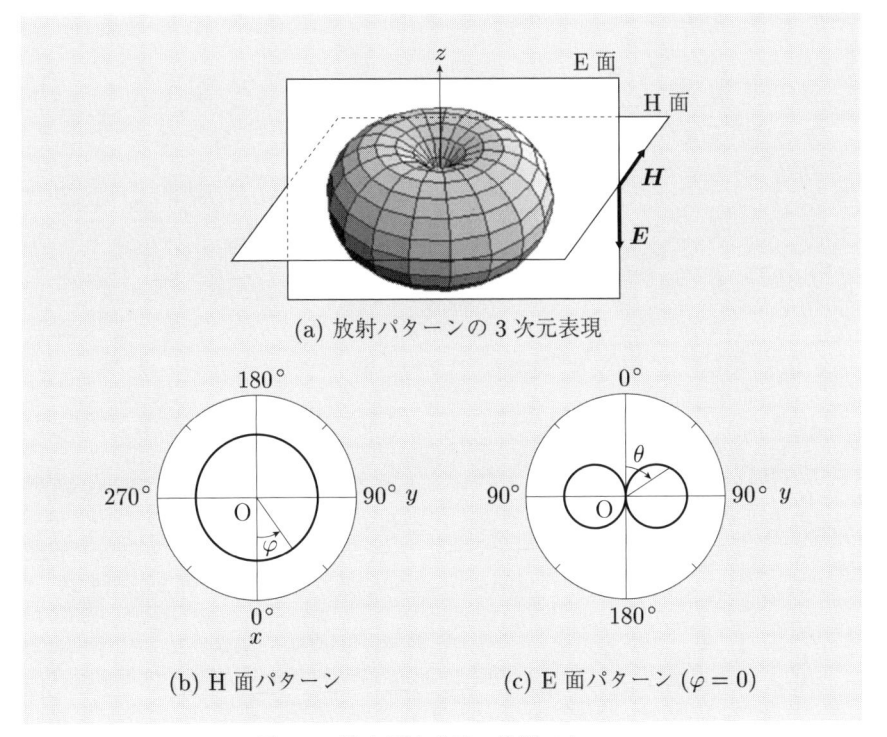

(a) 放射パターンの 3 次元表現

(b) H 面パターン

(c) E 面パターン ($\varphi = 0$)

図 4.6 微小電流素子の放射パターン

む面の放射パターンを，H 面パターンという．

　実際のアンテナの指向性は，どのようにして求められるのだろうか．アンテナ上の電流（磁流）分布が分かれば，それを微小電流（磁流）素子の集まりとして考えることができる．そして，式 (4.19), (4.21) を微小素子の向きに合わせて座標変換し，素子の分布に合わせて積分することで，アンテナの指向性は求められる．最も基本的な**半波長ダイポールアンテナ**（half-wave dipole antenna）を例に，指向性を求めてみよう．図 4.7 に示す半波長ダイポールアンテナは，z 軸上に上下 $\lambda/4$ ずつの 2 つの線状導体で構成され，原点 O において 2 本の線状導体に給電する．この線状導体の半径が長さに比べて十分小さいとき，線状導体上に流れる電流分布は正弦波状になり，原点 O で最大，端部で 0 とみなすことができる．

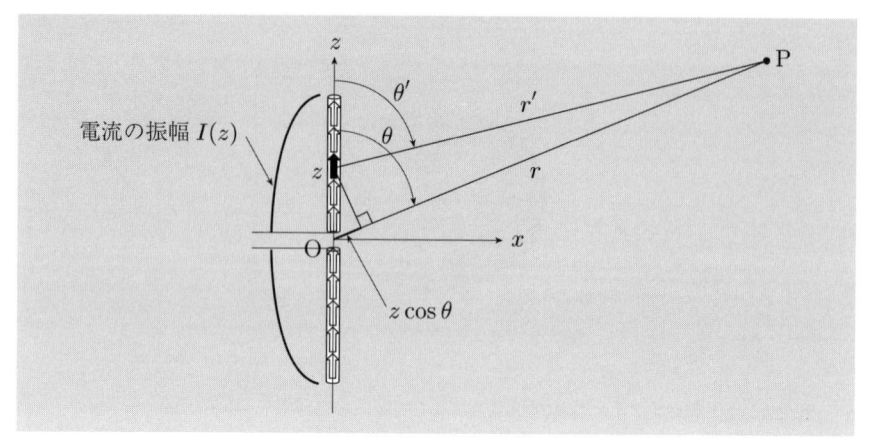

図 4.7 半波長ダイポールアンテナと座標系

このときの電流分布は，次式で表すことができる．

$$I(z) = I_0 \cos(kz) \quad \left(-\frac{\lambda}{4} \leq z \leq \frac{\lambda}{4}\right) \tag{4.24}$$

半波長ダイポールアンテナは，微小電流素子が連なったものとして考えることができる．観測点 P が原点 O より十分遠いとし，その距離を r とする．図のように，原点 O から距離 z 離れた微小電流素子からの放射を考える．この微小電流素子と観測点 P との距離を r' とすると，その放射界は以下の式で表すことができる．

$$dE_\theta = \frac{jkI(z)dz}{4\pi} Z_0 \frac{e^{-jkr'}}{r'} \sin\theta' \tag{4.25}$$

ここで，観測点 P が十分遠方であることから，r, r' は，ほぼ平行とみなせる．このことから $\sin\theta' \cong \sin\theta$ である．また，r' 側から r に下した垂線との交点と原点との距離が $z\cos\theta$ となり，$r' \cong r - z\cos\theta$ と近似できるので，式 (4.25) は，次式のように近似することができる．十分遠方では振幅に関する $1/r'$ は $1/r$ としても差異はほとんどないが，位相項 e^{-jkr} は周期的に変化するので $z\cos\theta$ を省略することができない．

$$dE_\theta = \frac{jkI(z)}{4\pi r} Z_0 e^{-jk(r-z\cos\theta)} \sin\theta dz \tag{4.26}$$

式 (4.26) をアンテナ全体にわたって積分すると，次のようになる．

4.3 指向性

$$E_\theta = \frac{jk}{4\pi} Z_0 \sin\theta \int_{-\frac{\lambda}{4}}^{\frac{\lambda}{4}} \frac{I(z)}{r} e^{-jk(r-z\cos\theta)} dz$$

$$= \frac{jkI_0}{4\pi} Z_0 \frac{e^{-jkr}}{r} \sin\theta \int_{-\frac{\lambda}{4}}^{\frac{\lambda}{4}} \cos(kz) e^{jkz\cos\theta} dz$$

$$= \frac{jkI_0}{4\pi} Z_0 \frac{e^{-jkr}}{r} \sin\theta \int_{-\frac{\lambda}{4}}^{\frac{\lambda}{4}} \left(\frac{e^{jkz}}{2} + \frac{e^{-jkz}}{2}\right) e^{jkz\cos\theta} dz$$

$$= \frac{jI_0}{2\pi} Z_0 \frac{e^{-jkr}}{r} \frac{\cos\left(\frac{\pi}{2}\cos\theta\right)}{\sin\theta} \tag{4.27}$$

$$H_\varphi = \frac{E_\theta}{Z_0} \tag{4.28}$$

半波長ダイポールの指向性は，微小電流素子と同様に，θ だけの関数で ϕ 方向には一様なドーナツ状の放射パターンとなる．図 4.8 に，半波長ダイポールアンテナの E 面指向性をデシベル表示で示す．放射パターンは，このように極座標で記す場合と，横軸を角度にした直角座標で記す場合がある．また，強度は，デシベル表示以外に，電界強度を記した**電界パターン**（field pattern）あ

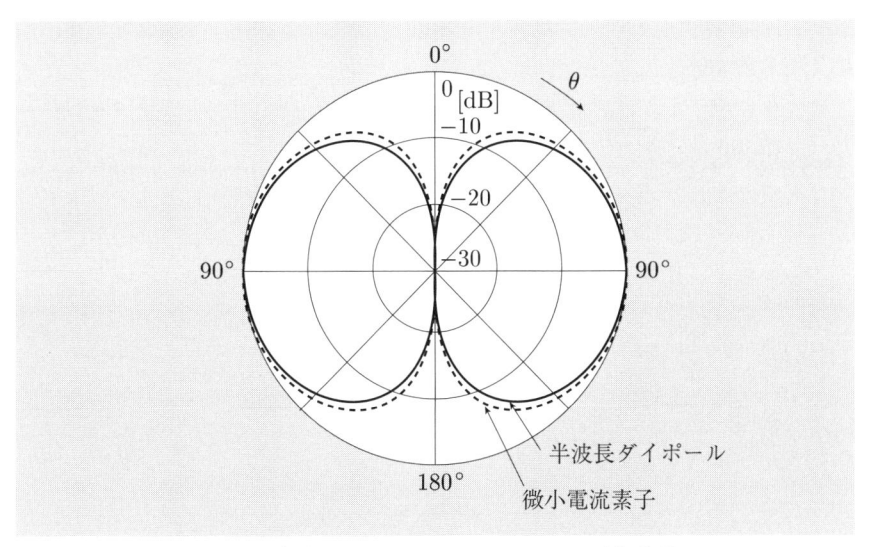

図 4.8 半波長ダイポールアンテナの E 面指向性

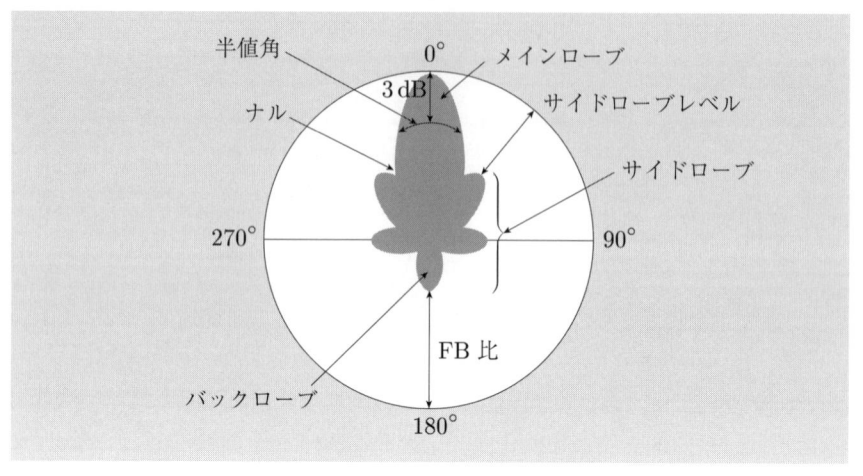

図 4.9 指向性の模式図

るいは電力強度を記した**電力パターン**（power pattern）で表示する場合がある．最大方向の $\theta = 90°$ で正規化してある．最大放射方向の放射電力の半分となる $-3\,[\mathrm{dB}]$ となる角度範囲を**半値角**（beam width）といい，微小電流素子で $\theta = 90°$，半波長ダイポールアンテナで $\theta = $ 約 $78°$ となる．また，$\theta = 0°$，$180°$ 方向には放射しない**ナル**（ヌル，null）が生じる．ナルとは強度が極端に弱くなる所をいう．

図 4.9 に示すように，単一指向性を示す場合は，最大放射方向を**メインローブ**（main lobe），その他の強度が弱いものを**サイドローブ**（side lobe）という．メインローブとサイドローブの強度差をサイドローブレベル，メインローブの反対側 $180° \pm 60°$ の範囲の最大のローブを**バックローブ**（back lobe）といい，その最大値とメインローブの差を **FB 比**（front to back ratio）という．

4.4 放射抵抗と入力インピーダンス

アンテナから放射される全電力 W_r は，指向性により求まるある方向の電力を，全方向に積分して求めることができる．式 (4.29) で表すように，半径 r の球面上を面積分することであり，微小面積 dS は，図 4.10 に示すように極座標系では $dS = r\sin\theta d\theta \times rd\varphi = r^2\sin\theta d\theta d\varphi$ となる．

$$\begin{aligned} W_r &= \int P(r,\theta,\varphi)dS \\ &= \int_0^{2\pi}\int_0^{\pi} P(r,\theta,\varphi)r^2\sin\theta d\theta d\varphi \, [\text{W}] \end{aligned} \quad (4.29)$$

微小電流素子の場合，単位面積を通過するポインティング電力 P は式 (4.30) のようになるので，全放射電力 W_r は式 (4.31) となる．

$$\begin{aligned} P(r,\theta,\varphi) &= \frac{1}{2}|E_\theta \cdot H_\varphi^*| \\ &= \frac{|\boldsymbol{E}|^2}{2Z_0} \\ &= \frac{Z_0 k^2}{32\pi^2}\left(\frac{Il}{r}\right)^2 \sin^2\theta \, [\text{W/m}^2] \end{aligned} \quad (4.30)$$

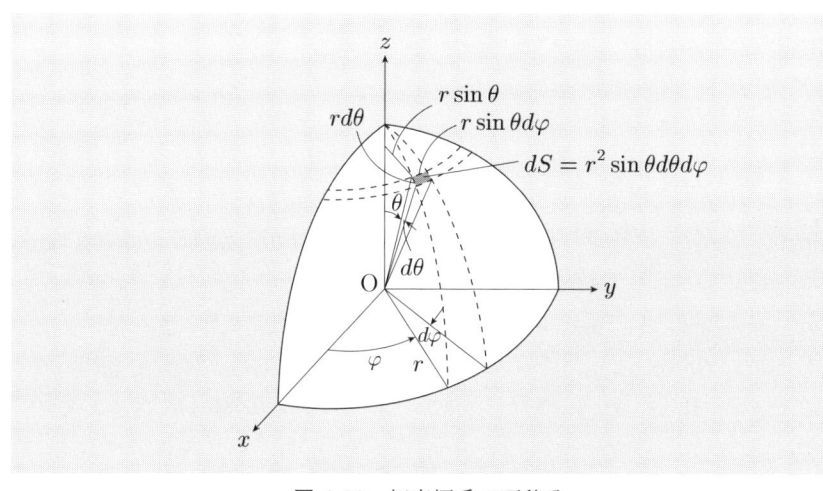

図 4.10 極座標系の面積分

$$W_r = \frac{Z_0 k^2}{32\pi^2} \left(\frac{Il}{r}\right)^2 2\pi r^2 \int_0^\pi \sin^2\theta \sin\theta d\theta$$
$$= 40\pi^2 \left(\frac{Il}{\lambda}\right)^2 \text{[W]} \tag{4.31}$$

回路として考えると，アンテナから放射される電力 W_r は，アンテナに電流 I [A] 流れたときの回路上では損失，つまり抵抗としてとらえることができ，これを**放射抵抗**（radiation resistance）R_r という．$W_r = \frac{R_r}{2}I^2$ なので，微小電流素子の放射抵抗 R_r は次式となる．

$$R_r = 80\pi^2 \left(\frac{l}{\lambda}\right)^2 [\Omega] \tag{4.32}$$

この式から，放射抵抗 R_r は素子の長さ l の2乗に比例して大きくなる．

■ 例題 4.2
長さ 0.1λ の微小電流素子の放射抵抗を求めよ．

【解答】式 (4.32) から，$R_r = 80\pi^2 \left(\frac{l}{\lambda}\right)^2 = 80\pi^2 (0.1)^2 \cong 7.9\,[\Omega]$

半波長ダイポールアンテナの放射抵抗は，解析的には求まらないため数値積分によって求め，$73.13\,[\Omega]$ となる．

給電点から見たアンテナのインピーダンスは，**入力インピーダンス**（input impedance）といい，次式のようになる．

$$Z_{\text{in}} = R + jX$$
$$= (R_r + R_l) + jX \tag{4.33}$$

ここで，R は入力抵抗，X は入力リアクタンスである．入力抵抗 R は，放射抵抗 R_r とアンテナ構造が持つ抵抗分（熱損失）R_l とに分けられるが，R_l の値は一般のアンテナでは小さく無視できる．入力リアクタンス X は，アンテナ近傍，特に給電点での準静電界，誘導界に関係した値である．半波長ダイポールアンテナの場合，アンテナの入力インピーダンス Z_{in} は，$73.13 + j42.55\,[\Omega]$ で，アンテナ長を半波長よりも若干短くすることにより純抵抗とすることができる．

負荷が接続されていないアンテナの受信開放電圧を V_0，給電点に負荷イン

4.4 放射抵抗と入力インピーダンス

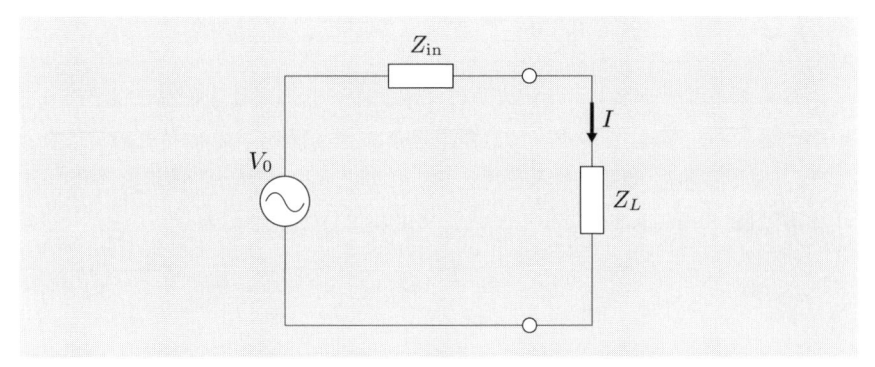

図 4.11 受信アンテナの等価回路

ピーダンス $Z_L = R_L + jX_L$ が接続されているアンテナの等価回路を図 4.11 に示す．アンテナに最大電力を供給するには，アンテナの入力インピーダンス Z_{in} とこの負荷インピーダンス Z_L が共役の関係 ($Z_L = Z_{\text{in}}^*$) になるよう整合をとる必要がある．整合がとれていないと，アンテナ給電点において給電回路側に反射が生じ，給電回路が不安定になったりダメージを与えたりする．整合をとるということは，アンテナに最大電力が供給されるだけではなく，この給電回路への反射を抑えることを意味する．このときの負荷で受信可能な最大電力 W_{rmax} は以下となる．

$$\begin{aligned} W_{\text{rmax}} &= \frac{1}{2} R_r I^2 \\ &= \frac{1}{2} R_r \left| \frac{V_0}{Z_L + Z_{in}} \right|^2 \\ &= \frac{|V_0|^2}{8 R_r} \end{aligned} \tag{4.34}$$

4.5 実効長

半波長ダイポールアンテナのように，線状素子上の電流分布が一様となっていない場合は，図 4.12 のように，電流分布 $I(z)$ が形成する面積と同じになるよう，一様振幅 I_0 の電流分布を考える．このときの長方形の長さ l_e をアンテナの**実効長**（effective length）といい，式 (4.35) で表される．

$$l_e = \frac{1}{I_0} \int_{-\frac{l}{2}}^{\frac{l}{2}} I(z)dz \, [\text{m}] \qquad (4.35)$$

実効長 l_e のアンテナから放射される最大放射方向の電界強度は，次のようになる．

$$E = \frac{60\pi}{\lambda r} I_0 l_e \, [\text{V/m}] \qquad (4.36)$$

半波長ダイポールアンテナの場合，電流分布は式 (4.24) で与えられているので，実効長は次式となる．

$$l_e = \frac{1}{I_0} \int_{-\frac{\lambda}{4}}^{\frac{\lambda}{4}} I_0 \cos(kz) dz = \frac{\lambda}{\pi} \, [\text{m}] \qquad (4.37)$$

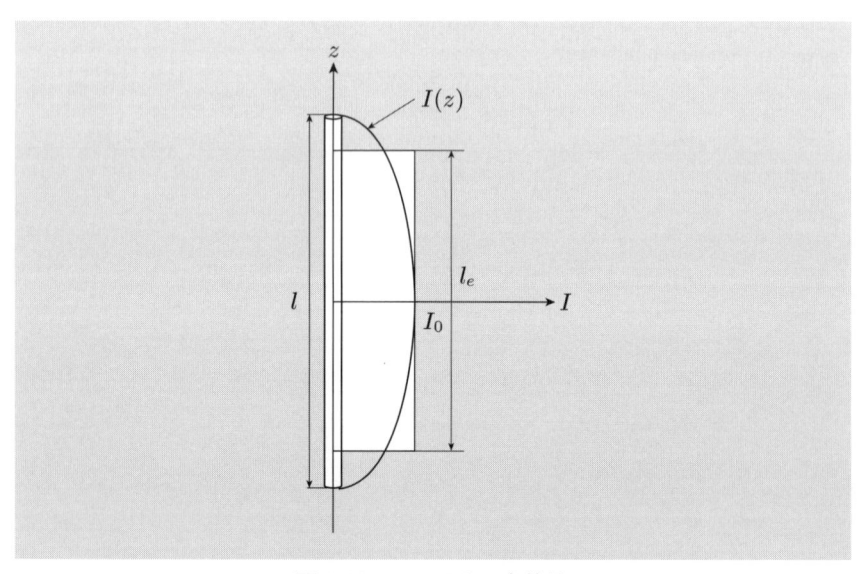

図 4.12 アンテナの実効長

4.5 実 効 長

半波長ダイポールアンテナの最大放射方向の電界強度は，式 (4.37) を式 (4.36) に代入して，

$$E = 60\frac{I_0}{r}\,[\text{V/m}] \tag{4.38}$$

となり，式 (4.27) で $\theta = 90°$ の値と一致する．実際のアンテナの場合，電流分布を正確に把握することは難しいが，給電点での電流強度 I_0 は比較的簡単に分かるため，このように最大電界強度が実効長から簡易な計算で求まる．

到来してくる電磁波のエネルギーを，受信アンテナでどれだけの面積相当分取り込めるかを表す指数として，**実効面積** A_e (effective area) がある．単位面積を通過する到来電磁波のポインティング電力 P は，$P = \dfrac{|E|^2}{2Z_0}\,[\text{W/m}^2]$ であり，アンテナの開放電圧は実効長 l_e を用いると，$V_0 = El_e$ となる．このため，実効面積 A_e は次式で求められる．

$$\begin{aligned}
A_e &= \frac{W_{\text{rmax}}}{P} = \frac{|V_0|^2}{4R_r}\frac{Z_0}{|E|^2} \\
&= \frac{|El_e|^2}{4R_r}\frac{120\pi}{|E|^2} \\
&= 30\pi\frac{l_e^2}{R_r}\,[\text{m}^2]
\end{aligned} \tag{4.39}$$

■ **例題 4.3**
半波長ダイポールアンテナの実効面積を求めよ．

【解答】 式 (4.37) の実効長，放射抵抗 $R_r = 73\,[\Omega]$ を用いて，式 (4.39) から計算すると，実効面積 $A_e = 0.13\lambda^2\,[\text{m}^2]$ と求まる．これは，実効長×半波長の長方形程度である．

4.6 利 得

アンテナの性能を評価する指標の1つに**利得**（gain）がある．利得は，ある方向へ放射する，または，ある方向から受信する電力の強さを示しており，基準となるアンテナと比較して評価する．図 4.13 に示すように，利得を知りたいアンテナ（**供試アンテナ**，AUT：antenna under test）の距離 r 離れた最大放射方向の電界強度を $E(\theta, \varphi)$ とする．このとき，基準アンテナとして等方性のアンテナを用いた場合，利得は式 (4.40) のように表される．

$$G_i(\theta, \varphi) = \frac{|E(\theta, \varphi)|^2}{W} \bigg/ \frac{|E_i|^2}{W_0} \qquad (4.40)$$

ここで E_i は等方性アンテナの電界強度であり，W, W_0 は，供試アンテナ，等方性アンテナに供給した電力である．通常は，アンテナの整合がとれているとして，供給電力 W, W_0 を同じとする．このときの利得 G_i を**絶対利得**（absolute gain）という．

アンテナに供給した電力 W と式 (4.29) で示したアンテナから放射された電力 W_r の比を**放射効率**（radiation efficiency）といい，次式で定義される．

$$\eta_r = \frac{W_r}{W} \qquad (4.41)$$

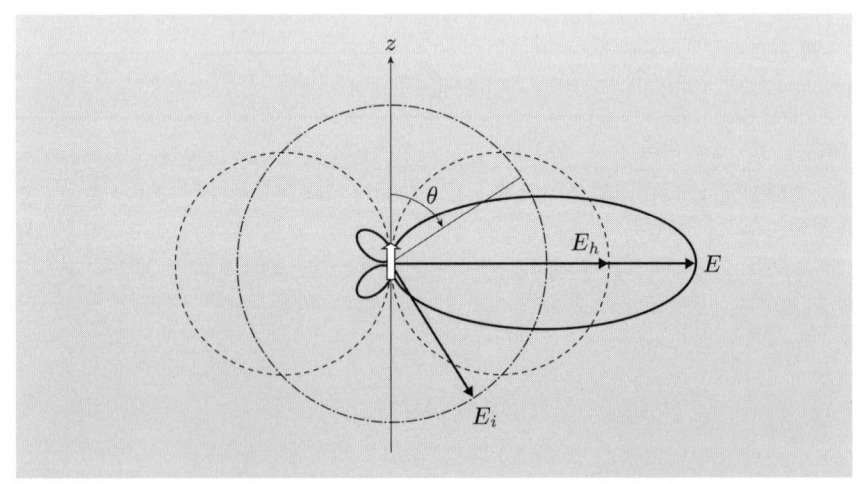

図 4.13 供試アンテナと基準アンテナの指向性

4.6 利得

供試アンテナの放射効率を 1 とすると，供試アンテナへの供給電力 W は，放射電力 W_r と等しくなる（$W = W_r$）．放射電力 W_r は，式 (4.29) およびポインティング電力 $P = \dfrac{|E|^2}{2Z_0}$ から次式となる．

$$W_r = \frac{r^2}{2Z_0}\int_0^{2\pi}\int_0^{\pi}|E(\theta,\varphi)|^2 \sin\theta d\theta d\varphi \tag{4.42}$$

等方性アンテナへの供給電力 W_0 は，球の表面積をかけて

$$W_0 = 4\pi r^2 \frac{|E_i|^2}{2Z_0} \tag{4.43}$$

となるので，ここで，式 (4.42), (4.43) を式 (4.40) に代入して，指向性だけで決まる**指向性利得** G_d（directive gain）が求まる．

$$G_d(\theta,\varphi) = \frac{4\pi|E(\theta,\varphi)|^2}{\int_0^{2\pi}\int_0^{\pi}|E(\theta,\varphi)|^2\sin\theta d\theta d\varphi} \tag{4.44}$$

また，絶対利得 G_i と指向性利得 G_d の関係は次式となる．

$$G_i = \eta_r \cdot G_d \tag{4.45}$$

■ **例題 4.4**

半波長ダイポールアンテナの絶対利得を求めよ．

【解答】 式 (4.40), (4.43) より $G_i = \dfrac{4\pi r^2}{2Z_0}\dfrac{|E|^2}{W}$. 式 (4.27) より，$|E|^2 = \left|\dfrac{jI_0}{2\pi r}Z_0\right|^2$. 半波長ダイポールアンテナの供給電力 W は，半波長ダイポールアンテナの放射抵抗を用いて，$W = \dfrac{I_0^2}{2}R_r$. ゆえに

$$G_i = \frac{4\pi r^2}{2Z_0}\left|\frac{jI_0}{2\pi r}Z_0\right|^2 \frac{2}{R_r I_0^2} = \frac{Z_0}{\pi R_r} = \frac{120}{R_r} = \frac{120}{73} \cong 1.64$$

となる．

小形無線機のアンテナなどの評価には，基準アンテナとして半波長ダイポールアンテナを用いることがある．このときは，図 4.13 に示す半波長ダイポールアンテナの最大放射方向の電界強度 E_h を基準として用いるので，次式のように定義される．この利得 G_h を**相対利得**（relative gain）という．

$$G_h(\theta,\varphi) = \frac{|E(\theta,\varphi)|^2}{W} \bigg/ \frac{|E_h|^2}{W_0} \tag{4.46}$$

絶対利得と相対利得は，半波長ダイポールアンテナの絶対利得が 1.64 であるので，次の関係にある．

$$G_h = \frac{G_i}{1.64} \tag{4.47}$$

利得は，相対値であるので無次元量であり，一般に dB 値（$10\log_{10} G$）で表す．なお，絶対利得と相対利得が分かるように，それぞれ dBi, dBd と書き表すことがある．半波長ダイポールアンテナの絶対利得が $2.15(10\log_{10} 1.64)$ [dBi] であることから，dB 値では次のような関係になる．

$$G_h = G_i - 2.15 \,[\mathrm{dBd}] \tag{4.48}$$

給電線とアンテナでのインピーダンスの不整合から，アンテナに供給される電力 W と式 (4.34) の最大供給電力 W_{rmax} との関係は，アンテナ給電点での反射係数 $\varGamma$ を用い次のように表される．

$$W = (1 - |\varGamma|^2)W_{\mathrm{rmax}} = \frac{W_{\mathrm{rmax}}}{M} \tag{4.49}$$

ここで，M を**不整合損**（mismatch loss）といい，実際のアンテナ利得は，式 (4.50) に示すように減少する．これを**動作利得** G_w（working gain, actual gain）と呼ぶ．

$$G_w = \frac{G_i}{M} \tag{4.50}$$

実効面積 A_e と動作利得 G_w は次の関係が成り立つ．

$$A_e = \frac{\lambda^2}{4\pi}G_w \,[\mathrm{m}^2] \tag{4.51}$$

■ 例題 4.5

500 [MHz] におけるアンテナの動作利得が 10 [dB] であった．このアンテナの実効面積を求めよ．

【解答】波長 $\lambda = \dfrac{3\times 10^8}{500\times 10^6} = 0.6\,[\mathrm{m}]$，利得を実数に直すと 10 になるので，式 (4.51) より，実効面積は $A_e = \dfrac{\lambda^2}{4\pi}G_w = \dfrac{(0.6)^2}{4\pi}10 \cong 0.29\,[\mathrm{m}^2]$ となる． ∎

4.7 可逆定理

　アンテナの指向性や利得，インピーダンスなどの特性は，そのアンテナを送受信どちらに用いても同一となる．これをアンテナ特性の可逆性（相反性）といい，**可逆定理**（相反定理：reciprocity theorem）が成立しているためである．この可逆性は，アンテナが金属などの線形材料や，抵抗，コンデンサ，コイルなどの受動素子で構成されている場合に成立するため，普通に使用されているアンテナでは成り立つと考えて構わない．しかし，非線形性がある能動素子を使用したアンテナや磁性体を使用したアンテナでは可逆性は成立しない．

偏　波

　同一の周波数でも，偏波の直交性を使うことにより，2つの信号を伝送できる．垂直偏波と水平偏波，右旋円偏波と左旋円偏波が直交関係になる．アナログ TV 放送では，混信を防ぐために水平偏波，垂直偏波を地域で分けて使用した．衛星放送でも，同一周波数で日本は右旋円偏波，韓国は左旋円偏波を使用している．そのため，アンテナ特性の評価では，2偏波のレベル比である交差偏波識別度（XPD：cross polarization discrimination）や，円偏波の軸比（axial ratio）が重要となる．しかしながら，携帯電話などでは都市環境における伝搬路での反射により，偏波が回転してしまい偏波の直交性は利用できない．

4 章 の 問 題

☐ **1** 微小電流素子からの放射が,式 (4.18) から式 (4.19) で表せることを導け.

☐ **2** 放射抵抗とは何か説明せよ.

☐ **3** 周波数 2 [GHz] の到来波の電界強度を $50\,[\mu\mathrm{V/m}]$ とする.このとき,半波長ダイポールアンテナで受信される受信電圧を求めよ.

☐ **4** 絶対利得,指向性利得,動作利得の違いについて説明せよ.

☐ **5** アンテナの可逆性について説明せよ.

第5章

基本的なアンテナ

　音では，マイクやスピーカが電気信号と音波の変換器として働いているのと同じように，電磁波では，アンテナが回路信号を空間に放射させたり，空間から受け取ったりする窓口（変換器）の役割を果たしている．アンテナは，その用途に応じて，周波数，偏波，帯域などの電気特性，大きさなど求められるものは異なっている．本章では，基本的なアンテナとして，線状アンテナや板状アンテナなどについて説明する．

5.1　線状アンテナ
5.2　板状アンテナ
5.3　開口面アンテナ

5.1 線状アンテナ

線状アンテナ（wire antenna）は，金属線によって構成されているアンテナである．ここでは，ダイポールアンテナ，モノポールアンテナ，ループアンテナ，ヘリカルアンテナについて説明をする．なお，これ以外にも**スパイラルアンテナ**（spiral antenna），**逆Lアンテナ**（inverted L antenna），**ロンビックアンテナ**（rhombic antenna）などがある．

■5.1.1 ダイポールアンテナ

ダイポールアンテナは，4.3節でも紹介したように，2本の直線状金属線からなっており，その中央に給電点を有している基本的なアンテナである．全体の長さを半波長とした，半波長ダイポールアンテナが，一般によく使用される．図5.1に示すように，平行2線の給電線の先端開放部から$\lambda/4$の位置で電流分布が最大となる．このとき，2線上での電流の向きは反対であり，電波は放射されない．先端から$\lambda/4$の位置で$90°$曲げることにより，電流の向きが揃い，電波が強く放射されるようになる．

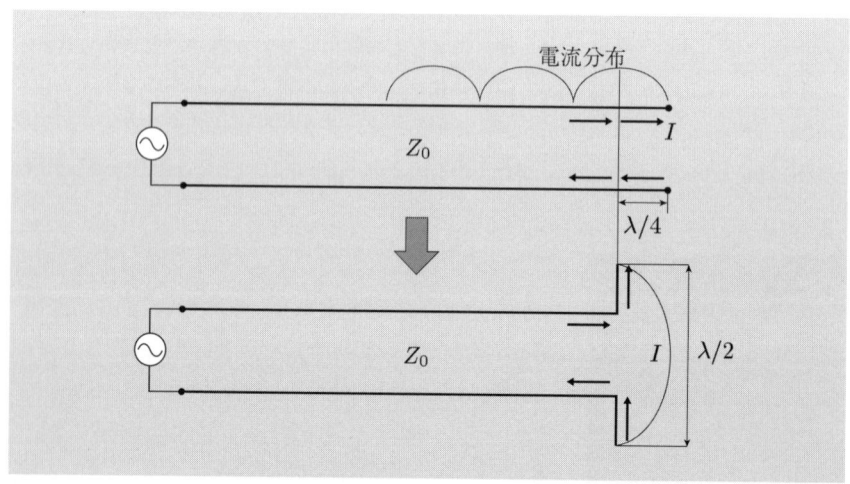

図5.1 平行2線とダイポールアンテナ

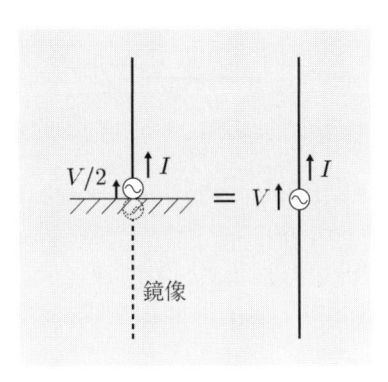

■5.1.2 モノポールアンテナ

ダイポールアンテナは，給電点を中心に 2 本の $\lambda/4$ の金属線からなっている．これに対し，電流と無限の完全導体が存在すると完全導体の向こう側に反対の向きの電流が存在するのと同等として扱えるという鏡像法（method of images）を利用し，無限の完全導体平面（地板）上に $\lambda/4$ の金属線を立て，地板と金属線の間に給電するアンテナを，**モノポールアンテナ**（monopole antenna）という．図

図 5.2 モノポールアンテナ

5.2 に示すように，モノポールアンテナは，地板という鏡に映った対称構造の素子があると考えられ，ダイポールアンテナの動作原理と同等であると考えられる．モノポールアンテナの入力インピーダンスは，その構造上，ダイポールアンテナの 1/2 となる．また，その放射指向性は，ダイポールアンテナのものとほぼ同じだが，地板より下の放射はないため上半面だけを考えればよい．また，実際には，地板の影響により若干ビームが上向きの放射パターンになる．

実際，長波，中波，短波など周波数の低い場合は波長が長くなるために，ダイポールアンテナではなく，大地を利用したモノポールアンテナを使用している．また，車両や飛行機などの移動体では，その金属構造物を地板として利用できるため，モノポールアンテナが使われることが多い．これらの場合，無限の完全導体平面は現実には存在しないため，大地の損失や，有限地板の大きさや形状などにより，インピーダンスや放射指向性は，理想のものとは異なってくる．

アンテナ高をさらに低姿勢にするために，図 5.3 に示すように，途中から L 字型に折り曲げる逆 L アンテナや，アンテナ先端に**容量冠**（capacity hat）を付ける**トップローディングアンテナ**（top loading antenna）などがある．また，地板の代わりに，数本の約 $\lambda/4$ の金属線を水平に取り付けた**ブラウンアンテナ**（Brown antenna）がある．

(a) 逆 L アンテナ　(b) トップローディングアンテナ　(c) ブラウンアンテナ

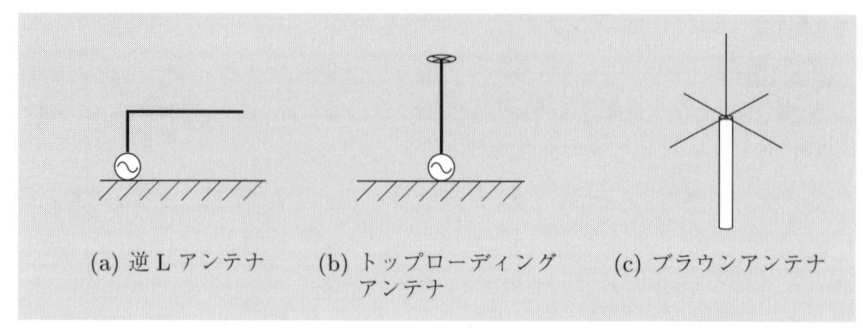

図 5.3　モノポールアンテナの派生形

■ 例題 5.1
1/4 波長モノポールアンテナの入力インピーダンスを求めよ．

【解答】 半波長ダイポールアンテナの入力インピーダンスは，図 5.2 から，$Z_d = \dfrac{V}{I}$．また，図からも分かるように 1/4 波長モノポールアンテナの給電電圧は，ダイポールアンテナの半分 $V/2$ となるので，入力インピーダンスは，$Z_m = \dfrac{V/2}{I} = \dfrac{Z_d}{2} = \dfrac{73.13}{2} = 36.57\,[\Omega]$ となる．実際には地板の大きさにより，この値から変動する．■

5.1.3　ループアンテナ

ループアンテナ（loop antenna）は，ダイポールアンテナと並ぶ基本的なアンテナの 1 つである．ループアンテナは，図 5.4 に示すように，金属導体をリング状に曲げ，その巻き始めと終わりを近接させ，その間に給電するアンテナである．リング形状は，円形や方形が一般的に用いられている．

ループアンテナは，その周囲長により特性が異なる．磁界検出用に使用される微小ループアンテナは，周囲長が波長に比べて十分に短いため，電流は

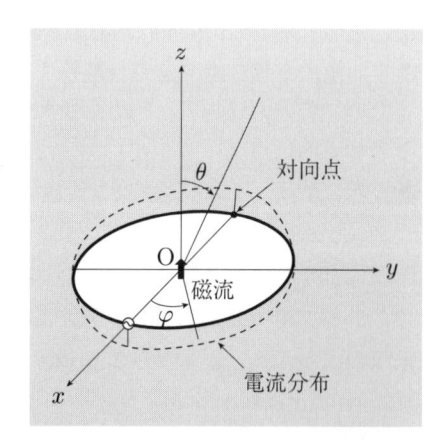

図 5.4　円形ループアンテナ（1 波長）

5.1 線状アンテナ

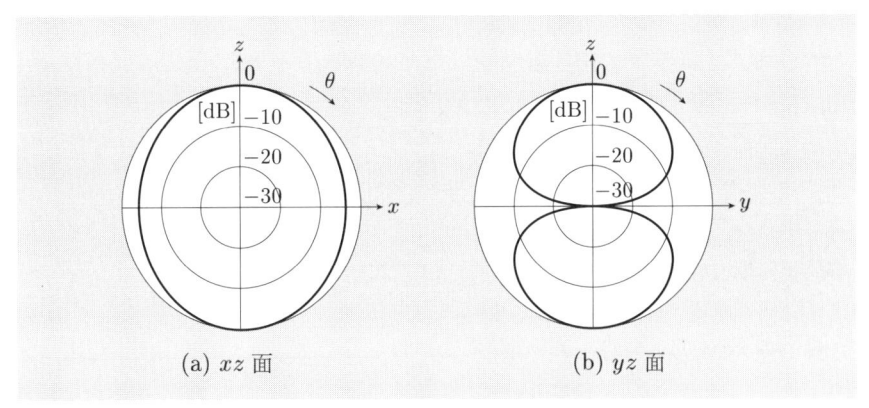

図 5.5 (a) xz 面　(b) yz 面　ループアンテナの指向性

ループ上でほぼ一定の大きさとなる．そのため，ループ中心に，微小磁気素子（磁流）があると解釈することができる．その指向性は，ループを含む面でほぼ一様となり，垂直方向への放射はない．

ループの周囲長が 1 波長程度となると共振状態となり，その電流分布は，図に示すように平行 2 線線路の終端を対向点で短絡したものと考えることができる．電流分布は次式で表され，給電点およびその対向点で最大となる．

$$I(\varphi) = I_0 \cos\varphi \tag{5.1}$$

その指向性は，ベッセル関数を用いて次のようになる．図 5.5 に示すような，ダイポールアンテナに似た 8 の字指向性を示す．

$$\left. \begin{array}{l} E_\theta = -j\dfrac{Z_0 I_0}{2} \dfrac{e^{-jkr}}{r} \dfrac{J_{1(\sin\theta)}}{\sin\theta} \sin\varphi \cos\theta \\ E_\varphi = -j\dfrac{Z_0 I_0}{2} \dfrac{e^{-jkr}}{r} J_1'(\sin\theta) \cos\varphi \end{array} \right\} \tag{5.2}$$

式 (5.1) の電流分布から，$\pm x$ 部分の電流分布をそれぞれ y 軸に平行な半波長ダイポールアンテナと仮定し，半波長離れているとして近似的に放射指向性を求めることもできる．

ループアンテナは，その導体に流れる電流分布によってアンテナ特性が大きく変わることから，導体の途中に抵抗などの回路素子を装荷することによってインピーダンスを制御し，所望の指向性を作る**ローデッドループアンテナ**（loaded loop antenna）などがある．

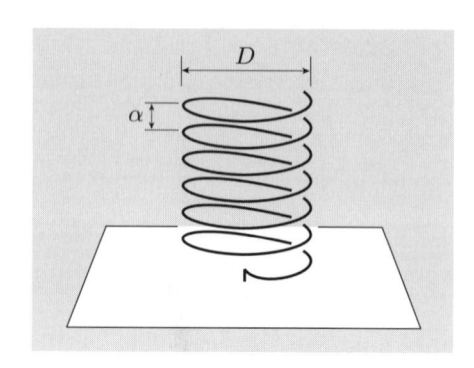

■ 5.1.4 ヘリカルアンテナ

ヘリカルアンテナ（helical antenna）は，図5.6に示すように金属導体をコイル（ヘリックス）状に巻いたアンテナである．一般には，モノポールアンテナと同様に，金属導体板に取り付け，導体板とヘリックスの間に給電する．ヘリックスの1周の長さ（πD）とピッチ角（α）により，2つの動作に大きく分けられる．

図 5.6　ヘリカルアンテナ

1周長が1波長程度でピッチ角が12°～15°程度の場合，軸方向（導体板に垂直な方向）に円偏波を放射する．これを**軸モード**（axial mode）という．これは，ループアンテナの組合せと考えれば，類推することができる．軸モードのアンテナは，衛星通信などに使用されている．ヘリカルを同一軸上に周方向に角度をずらすことにより2組，4組と配置し，周方向の均一性を改善した多線巻のヘリカルアンテナも使用されている．

1周長が，波長に比べて十分小さい場合は，ヘリックスの軸に垂直な方向に強く放射され，軸方向には放射されない．これを**ノーマル（垂直）モード**（normal mode）という．微小のループアンテナとそれを繋ぐ軸方向の直線アンテナの組合せと考えることができ，楕円偏波を放射する．このような特性のため，小型無線端末などに使用されている．

以上，ここまで述べてきた軸モードおよびノーマルモードの他に，図5.7に示すように，地板としての導体板を使用せず，逆巻きの2つのヘリックスをダイポール状に接続して使用する**サイドファイアヘリカルアンテナ**（side-fire helical antenna）がある．このアンテナの場合，垂直偏波成分が打ち消され，水平偏波を放射する．

図 5.7　サイドファイアヘリカルアンテナ

5.2 板状アンテナ

板状アンテナ（planar antenna）は，板状の金属板を用いたアンテナのことである．ここで紹介するマイクロストリップアンテナ，スロットアンテナの他にも，広帯域特性を持つ**板状モノポールアンテナ**（disc monopole antenna）や**フラクタルアンテナ**（fractal antenna）などが挙げられる．

■5.2.1 マイクロストリップアンテナ

マイクロストリップアンテナ（microstrip antenna）は，図 5.8 に示すように，マイクロストリップ線路の終端を，空間と整合がとれるようにパッチ状にしたものである．パッチを使用しているので，**パッチアンテナ**（patch antenna）といわれることもある．プリント基板などの基板上にアンテナを構成するため，他の回路と一体で作成できる，低姿勢である，量産性が高い，設計の自由度が高いなどの利点から，近年多用されるようになったアンテナである．

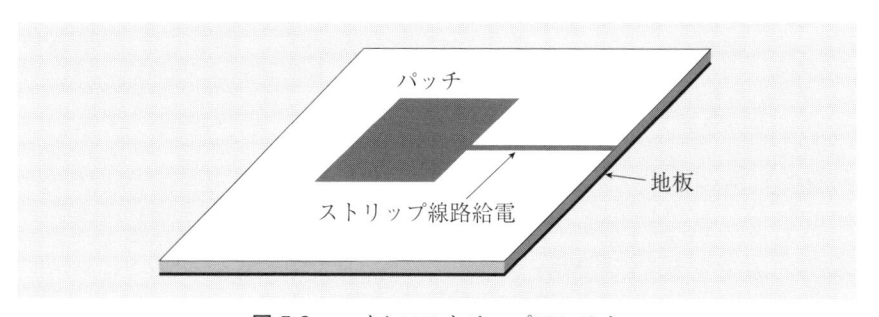

図 5.8 マイクロストリップアンテナ

パッチの形状は，方形，円形，リング，その他の多角形など用途や所望特性により様々なバリエーションがある．なお，マイクロストリップアンテナは，パッチによる共振構造であるため，一般に狭帯域である．また，金属地板を使用し，地板上方への放射特性を持つものが多いが，地板を使用せず，双方向に放射させるものもある．パッチの大きさは，式 (3.26) で示した線路内波長の半分とし，その放射特性は，パッチと地板の間でキャビティが構成されていると考え，パッチ端部に磁流を仮定して計算を行う．

マイクロストリップアンテナへの給電は，図 5.8 に示したストリップ線路に

よる方法の他に，地板の裏面から地板を貫いてパッチに同軸給電する方法，近接したストリップ線路から電磁結合により給電する方法などがある．図5.8は，ストリップ方向に電界成分を持つ直線偏波となる．また，2方向からの給電により，偏波切替や，円偏波などにも対応する．図5.9には，地板裏面から1点の同軸給電を行う円偏波放射アンテナを示す．このアンテナは，**縮退分離素子**（untie-degeneration element）というパッチに切込部を設けることにより，直交する2方向の共振周波数を僅かにずらし，90°の位相差を生じさせることで，円偏波を放射することができる．

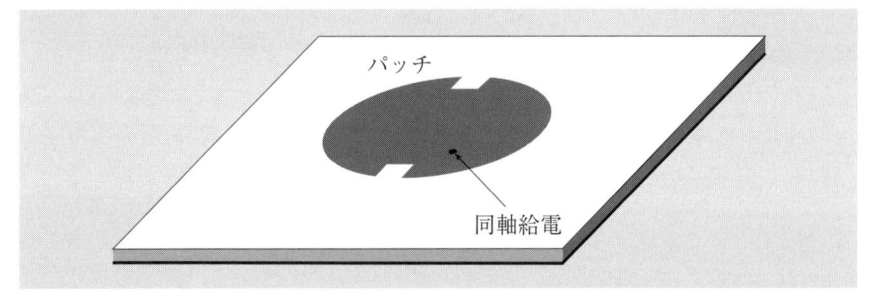

図 5.9　円偏波マイクロストリップアンテナ

マイクロストリップアンテナは，小型無線端末以外にも，GPS（global positioning system）などの車載用，基板を湾曲させて形状に合わせた航空機搭載，基板にハニカム構造などを用いて軽量化した衛星用など幅広く使用されている．直線偏波の場合，パッチ上の電界分布が半分の所で0となるため，その部分を折り曲げて接地した $\lambda/4$ 短絡型マイクロストリップアンテナとして小型化することができる．

■**5.2.2　スロットアンテナ**

スロットアンテナ（slot antenna）は，図5.10に示すように，金属板に幅の狭い開口部（スロット）を設け，その中央部に給電するアンテナである．ちょうどダイポールアンテナとは金属と空間を置き換えた補対の関係にあり，バビネの原理により電界と磁界を入れ替えたものとなる．スロット長に対してスロット幅が十分に狭ければ，長さ方向の磁流として考えればよい．スロットは，ダイポールと同様に半波長で共振となる．

5.2 板状アンテナ

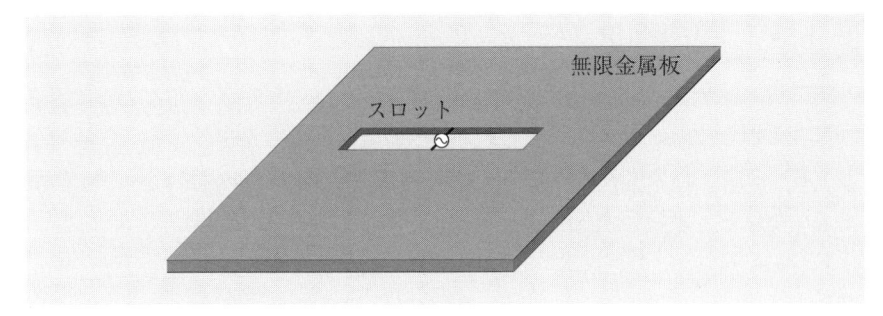

図 5.10 スロットアンテナ

スロットアンテナの入力インピーダンス Z_S は次式となる.

$$Z_s = \frac{Z_0^2}{4Z_d} \, [\Omega] \tag{5.3}$$

ここで Z_d は，ダイポールアンテナの入力インピーダンスである.

スロットへの給電方法としては，同軸ケーブルを用いることが多いが，その場合，金属板の表面と裏面の両方向へ電波が放射される．金属板の片側に深さ $\lambda/4$ のキャビティ（金属箱）を用いて，片側に放射させるキャビティ付スロットアンテナがある．また，給電を兼ねた導波管の壁面にスロットを設けた，導波管スロットアンテナが存在する．導波管の広壁面，または狭壁面に切るスロットの位置により，所望の偏波を放射することができる．長い導波管に多数のスロットを切ることにより，鋭い指向性を実現することができるため，レーダ用アンテナとしても用いられている．

■ 例題 5.2
半波長スロットアンテナの入力インピーダンスを求めよ．

【解答】式 (5.3) より，半波長スロットアンテナの入力インピーダンスは

$$Z_s = \frac{Z_0^2}{4Z_d} = \frac{377^2}{4 \times 73} = 487 \, [\Omega]$$

となる．

5.3 開口面アンテナ

開口面アンテナ（aperture antenna）は，ホーンや反射鏡などによって形成される面から放射するアンテナである．その開口面上の電磁界分布から放射が求まる．ここで紹介するホーンアンテナ，反射鏡アンテナ以外に，図 5.11 に示すような**レンズアンテナ**（lens antenna）などがある．

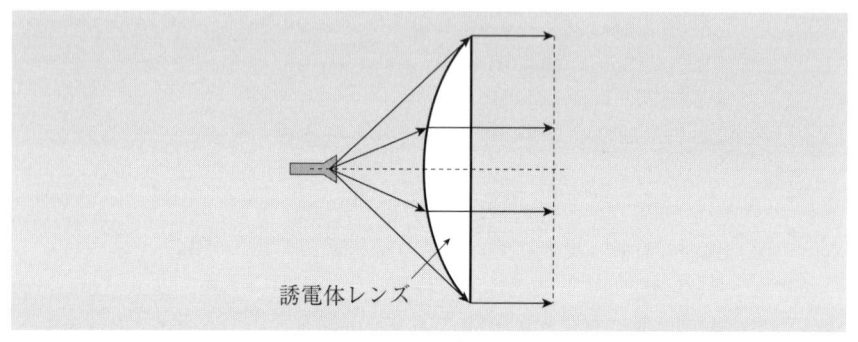

図 5.11 レンズアンテナ

■5.3.1 ホーンアンテナ

ホーンアンテナ（horn antenna）は，給電線路としての導波管の開放終端を，空間との整合を取るために徐々に広げたものと考えることができる．給電導波管の形状に合わせて，ホーン部が角錐のものと円錐のものがある．図 5.12 には，角錐ホーンアンテナを示す．角錐ホーンは，図のように E 面，H 面を共に広げた**ピラミッドホーン**（pyramidal horn），H 面だけを広げた **H 面扇形ホーン**（H-plane hone），E 面だけを広げた **E 面扇形ホーン**（E-plane horn）などが存在する．

ホーンアンテナは，開口部での波面が平面になることが理想であるため，ホーンの広がり角度を大きくすることはできない．ホーンアンテナは，反射鏡アンテナやレンズアンテナの 1 次放射器として用いられるほか，最近では，ミリ波帯のアンテナとしても使用される．角錐ホーンアンテナは，ホーンの開口部の大きさ，ホーンのフレアの長さが分かれば，計算により正確に利得が求められるため，標準利得アンテナとして用いられている．

(a) ピラミッドホーン

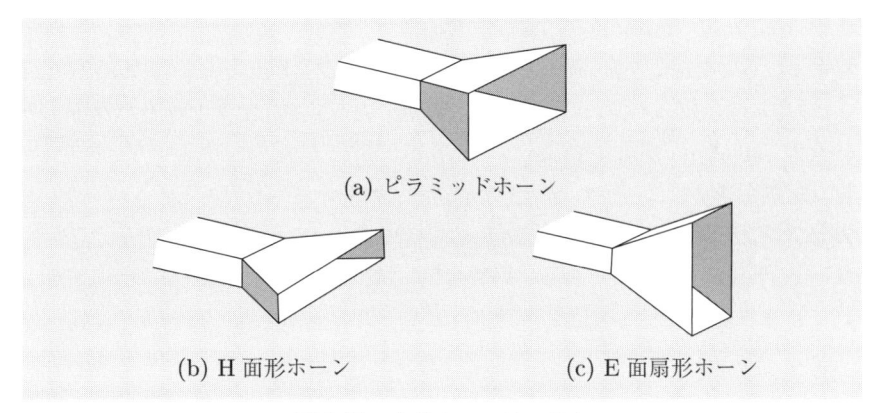

(b) H 面形ホーン

(c) E 面扇形ホーン

図 5.12　角錐ホーンアンテナ

(a) パラボラ

(b) オフセットパラボラ

(c) カセグレン

(d) グレゴリアン

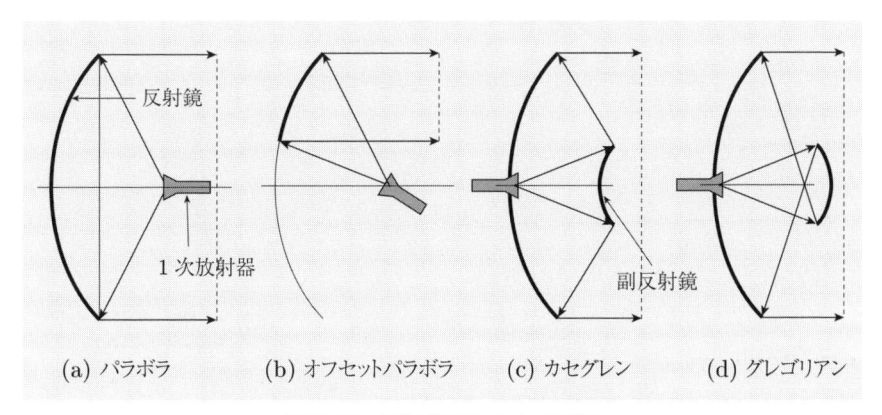

図 5.13　反射鏡アンテナの種類

■ 5.3.2　反射鏡アンテナ

反射鏡アンテナ（reflector antenna）は，金属の反射板を 1 枚以上使用したアンテナであり，波長に比べて反射鏡の大きさが十分に大きいため，光学的に設計できる．平面波として到来した電磁波を，湾曲した反射板で反射させ，その焦点に **1 次放射器**（primary radiator）を配置するアンテナであり，光学での反射望遠鏡と原理は同じである．

反射鏡アンテナは，その反射鏡の形状，配置により様々なバリエーションが存在する．図 5.13 に反射鏡アンテナの一例を示す．図 5.13(a) は**パラボラアン**

テナ（parabola antenna）は回転放物面（パラボラ）を利用している．この配置だと，1次放射器が電磁波の障害（**ブロッキング**：blocking）になるため，1次放射器が遮らないように配置したものが，図 5.13(b) **オフセットパラボラアンテナ**（offset parabola antenna）である．また，大型な反射鏡になった場合，焦点距離も長くなる．それを防ぐため，副反射鏡を使用したものが，図 5.13(c) **カセグレンアンテナ**（Cassegrain antenna），図 5.13(d) **グレゴリアンアンテナ**（Gregorian antenna）である．副反射鏡には，それぞれ，双曲面，楕円面を用いており，同方式の望遠鏡を発明した天文学者の名前を冠している．これらの場合も，副反射鏡が，電磁波を遮るブロッキングが生じるため，ブロッキングが生じない反射鏡の部分だけを用いたオフセット型のアンテナが存在する．1次放射器としては，ホーンアンテナが一般的によく用いられるが，ヘリカルアンテナなどを用いることもある．

反射鏡アンテナなど開口面アンテナにおいて，物理的な開口面積に対する実効面積の比を**開口効率**（aperture efficiency）という．ブロッキングの影響や，**スピルオーバ**（spill over）といわれる反射鏡の外側に漏れ出る電波の影響のため，パラボラアンテナの開口効率は 50〜80 % 程度であり，小口径になる程，開口効率は小さくなる．

反射鏡アンテナは，反射鏡が数波長以上の電気的に大きなアンテナであるため，利得 20 [dBi] 以上の高利得，シャープなビームを形成する．また，光学理論で設計できるため，広帯域や複周波数共用などが容易に実現できる．マイクロ波以上の周波数で使用され，衛星通信や，中継回線，レーダ，電波天文などに用いられている．図 5.14 は，マイクロ波回線に使用されている反射鏡アンテナである．様々な形状の反射鏡アンテナが設置されている．

図 5.14 マイクロ波回線用反射鏡アンテナ

5.3 開口面アンテナ

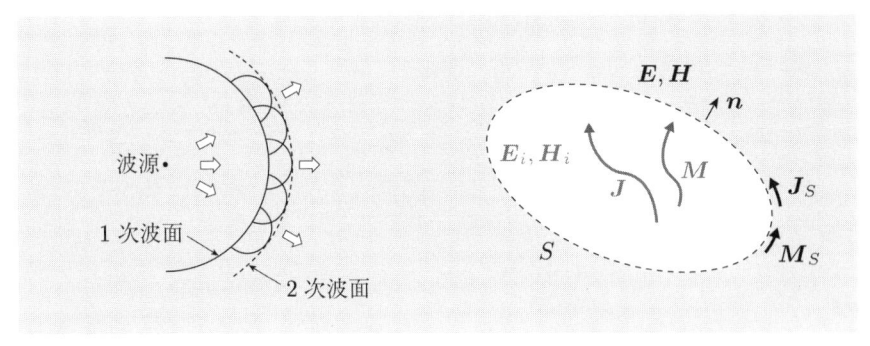

図 5.15 ホイヘンス–フレネルの原理　　図 5.16 等価電磁流

■5.3.3 開口面アンテナの放射

開口面アンテナは，1次波源（1次放射器）よりも2次波源となる開口面上（図 5.13 内の破線部）の電磁界分布によって，その放射が決定される．開口面からの放射は**ホイヘンス–フレネルの原理**（Huygens-Fresnel principle）により説明される．ホイヘンス–フレネルの原理とは，図 5.15 に示すように，ある波源から放射された波を考えるとき，ある瞬間の波面のそれぞれの点から球面状の2次波が出ており，それによってさらに遠方の波面が求まるものである．この原理により，進行方向にスリットなどの障害物があるとき，その裏側にも波が回り込む回折現象が説明される．

ホイヘンス–フレネルの原理をもとに，図 5.16 に示すような，ある空間に電流 J，磁流 M があり，この電流 J，磁流 M によって放射電磁界 E, H が形成されている場合を考える．電流 J，磁流 M を囲む任意の仮想的な閉曲面 S を考え，これによって，1次波源が存在する内部と，存在しない外部に分ける．1次波源による電磁界 E, H は，内部電磁界 E_i, H_i と閉曲面 S で連続となっている．ここで，内部電磁界を取り去り $E_i = H_i = 0$ と考えると，閉曲面 S 上では，電磁界の接線成分の不連続に相当する等価的な電流 J_s，磁流 M_s を仮定すればよく，外部の電磁界 E, H はこの閉曲面 S 上の等価電磁流源 J_s, M_s を2次波源として生じると考えることができる．等価電磁流は次式となる．

$$\left. \begin{array}{l} J_s = n \times H \\ M_s = -n \times E \end{array} \right\} \quad (5.4)$$

このように，内部の電磁界がどのようになっていても，境界面（開口面）の電

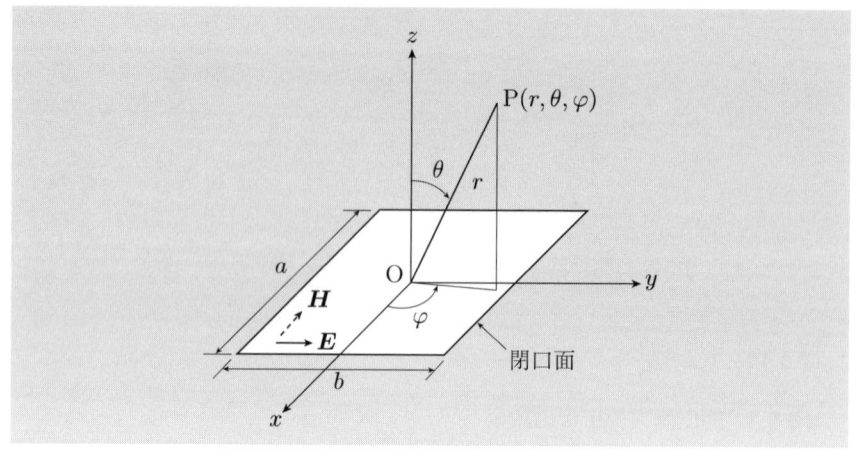

図 5.17 矩形開口面アンテナの座標系

磁界分布が分かっていれば，開口面上の等価電磁流を考えて放射電磁界を求められる．

図 5.17 に示すように，xy 面内に矩形開口面があり，その大きさが $a \times b$ とする．開口面 S 上の電磁界は，y 軸に平行な電界 $\boldsymbol{E} = E_0 f(x,y)\hat{\boldsymbol{y}}$，$x$ 軸に平行な磁界 $\boldsymbol{H} = -\dfrac{E_0}{Z_0} f(x,y)\hat{\boldsymbol{x}}$ が存在している．ここで $E_0 f(x,y)$ は，x, y 方向の開口面電界分布である．このときの等価電磁流は，式 (5.4) で求まる．遠方放射界は，球座標系を用いて次のように表される．

$$E_\theta = j\frac{e^{-jkr}}{2\lambda r}(1+\cos\theta)\sin\varphi \int_{-\frac{a}{2}}^{\frac{a}{2}}\int_{-\frac{b}{2}}^{\frac{b}{2}} E_0 f(x,y) e^{jk\sin\theta(x\cos\varphi + y\sin\varphi)} dxdy$$

$$E_\varphi = -j\frac{e^{-jkr}}{2\lambda r}(1+\cos\theta)\cos\varphi \int_{-\frac{a}{2}}^{\frac{a}{2}}\int_{-\frac{b}{2}}^{\frac{b}{2}} E_0 f(x,y) e^{jk\sin\theta(x\cos\varphi + y\sin\varphi)} dxdy$$

(5.5)

ここでは，球座標系を用いているために以下の座標変換を行っている．

$$\left.\begin{array}{l} \hat{\boldsymbol{x}} = \sin\theta\cos\varphi\hat{\boldsymbol{r}} + \cos\theta\cos\varphi\hat{\boldsymbol{\theta}} - \sin\varphi\hat{\boldsymbol{\varphi}} \\ \hat{\boldsymbol{y}} = \sin\theta\sin\varphi\hat{\boldsymbol{r}} + \cos\theta\sin\varphi\hat{\boldsymbol{\theta}} + \cos\varphi\hat{\boldsymbol{\varphi}} \end{array}\right\} \quad (5.6)$$

x, y 方向の電界分布を独立に制御できる場合は，変数分離形となり $E_0 f(x,y) =$

$E_0 f_x(x) f_y(y)$ となり，xz 面内の指向性は $f_x(x)$ だけで，yz 面内の指向性は $f_y(y)$ だけで定まる．角錐ホーンアンテナは，開口面上の電界分布が分かれば，式 (5.5) により遠方界が求まる．

開口面電界分布が一様分布の場合，$f(x,y)=1$ となり，式 (5.5) は，次のようになる．

$$\left.\begin{array}{l} E_\theta = j\dfrac{abE_0 e^{-jkr}}{2\lambda r}(1+\cos\theta)\sin\varphi\,\dfrac{\sin u}{u}\dfrac{\sin v}{v} \\[6pt] E_\varphi = -j\dfrac{abE_0 e^{-jkr}}{2\lambda r}(1+\cos\theta)\cos\varphi\,\dfrac{\sin u}{u}\dfrac{\sin v}{v} \\[6pt] u = \dfrac{\pi a}{\lambda}\sin\theta\cos\varphi, \quad v = \dfrac{\pi b}{\lambda}\sin\theta\sin\varphi \end{array}\right\} \quad (5.7)$$

図 5.18 に矩形開口面アンテナの指向性を示す．天頂方向とそれに直交する軸方向に強く放射している．このときの指向性利得は，定義式に従って計算すると次式となる．

$$G_d = \frac{4\pi}{\lambda^2}ab \qquad (5.8)$$

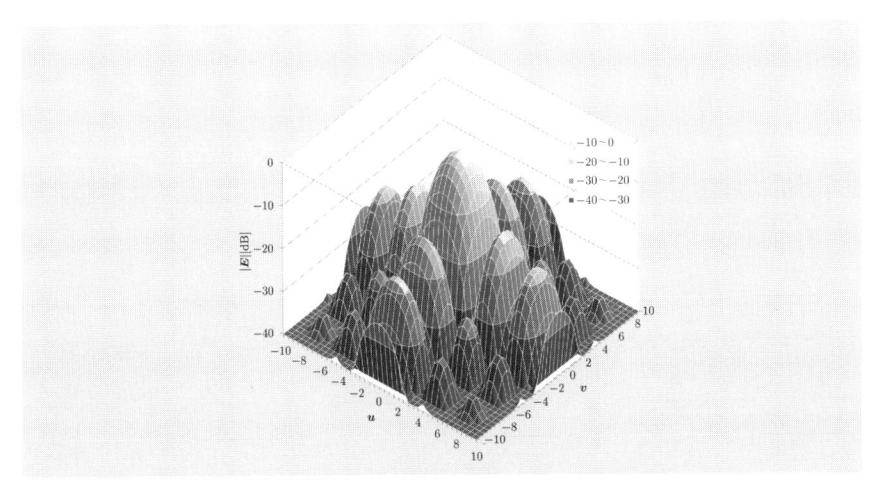

図 5.18　矩形開口面アンテナの指向性

円形開口面アンテナの場合，図 5.19 に示すように円形開口面が xy 面内にあり，その大きさの半径を a とする．開口面上の電磁界は，y 軸に平行な電界

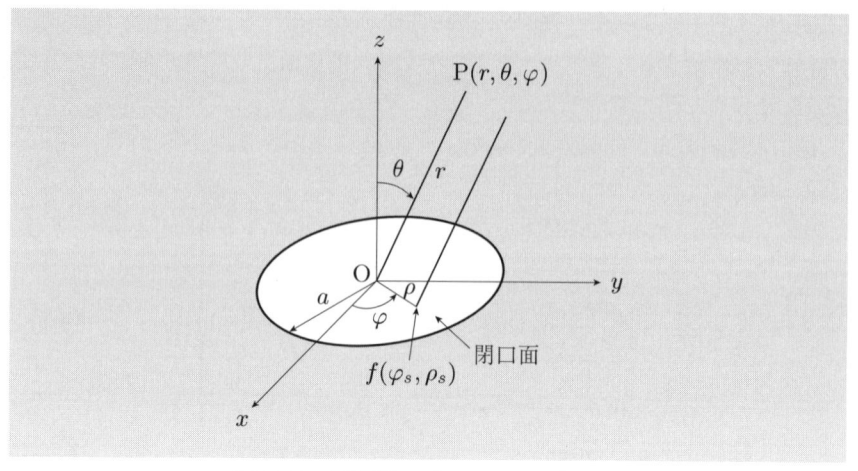

図 5.19 円形開口面アンテナの座標系

$\boldsymbol{E} = E_0 f(\rho_s, \varphi_s)\hat{\boldsymbol{y}}$, x 軸に平行な磁界 $\boldsymbol{H} = -\dfrac{E_0}{Z_0} f(\rho_s, \varphi_s)\hat{\boldsymbol{x}}$ が存在している. ここで $E_0 f(\rho_s, \varphi_s)$ は, ρ, φ 方向の開口面電界分布である. このとき, 遠方放射界は次のように表される.

$$\left.\begin{aligned}E_\theta &= j\frac{e^{-jkr}}{2\lambda r}(1+\cos\theta)\sin\varphi \\ &\quad \cdot \int_0^{2\pi}\int_0^a E_0 f(\rho_s, \varphi_s) e^{jk\rho_s \sin\theta \cos(\varphi-\varphi_s)} \rho_s d\rho_s d\varphi_s \\ E_\varphi &= -j\frac{e^{-jkr}}{2\lambda r}(1+\cos\theta)\cos\varphi \\ &\quad \cdot \int_0^{2\pi}\int_0^a E_0 f(\rho_s, \varphi_s) e^{jk\rho_s \sin\theta \cos(\varphi-\varphi_s)} \rho_s d\rho_s d\varphi_s\end{aligned}\right\} \quad (5.9)$$

開口面分布が ρ 方向だけの関数である場合は, 次式となる.

$$\left.\begin{aligned}E_\theta &= j\frac{e^{-jkr}}{2\lambda r}(1+\cos\theta)\sin\varphi\, 2\pi E_0 \int_0^a f(\rho_s) J_0(k\rho_s \sin\theta) \rho_s d\rho_s \\ E_\varphi &= -j\frac{e^{-jkr}}{2\lambda r}(1+\cos\theta)\cos\varphi\, 2\pi E_0 \int_0^a f(\rho_s) J_0(k\rho_s \sin\theta) \rho_s d\rho_s\end{aligned}\right\}$$

$$(5.10)$$

5.3 開口面アンテナ

$$\left.\begin{aligned} E_\theta &= j\frac{\pi a^2 E_0 e^{-jkr}}{\lambda r}(1+\cos\theta)\sin\varphi \int_0^1 f(\rho'_s)J_0(u)\rho'_s d\rho'_s \\ E_\varphi &= -j\frac{\pi a^2 E_0 e^{-jkr}}{\lambda r}(1+\cos\theta)\cos\varphi \int_0^1 f(\rho'_s)J_0(u)\rho'_s d\rho'_s \\ \rho'_s &= \frac{\rho_s}{a} \quad u = ka\sin\theta \end{aligned}\right\} \quad (5.11)$$

さらに，一様開口面分布の場合は，次式となる．

$$\left.\begin{aligned} E_\theta &= j\frac{\pi a^2 E_0 e^{-jkr}}{\lambda r}(1+\cos\theta)\sin\varphi \frac{J_1(u)}{u} \\ E_\varphi &= -j\frac{\pi a^2 E_0 e^{-jkr}}{\lambda r}(1+\cos\theta)\cos\varphi \frac{J_1(u)}{u} \end{aligned}\right\} \quad (5.12)$$

図 5.20 に円形開口面アンテナの指向性を示す．天頂方向に強く放射し，回転対称になっている．このときの指向性利得は，次式となる．

$$G_d = \frac{4\pi}{\lambda^2}\pi a^2 \tag{5.13}$$

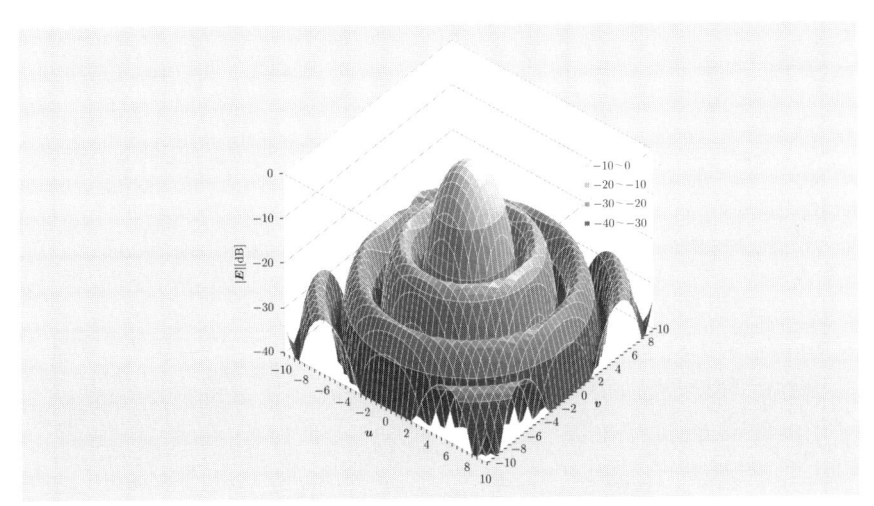

図 5.20 円形開口面アンテナの指向性

■ 例題 5.3

周波数 12 [GHz] のとき，直径 40 [cm] の円形パラボラアンテナの指向性利得を求めよ．

【解答】 式 (5.13) より，$G_d = \dfrac{4\pi}{\lambda^2}\pi a^2 = \dfrac{4\pi}{0.025^2}\pi 0.2^2 \cong 2527$，$10\log_{10} 2527 = 34.0$ [dBi] となる．実際の小口径パラボラアンテナの開口効率は 50％程度のため，アンテナ利得はこれより低いものとなる． ■

表 5.1, 5.2 に開口面アンテナの放射特性を示す．一様開口面分布のときに利得は最大となり，ビームの半値角も最も細くなっている．しかし，第 1 サイドローブレベルは大きい．図 5.21 に，開口分布が一様のときの指向性を示す．第 1 サイドローブレベルは，矩形のときで -13.2 [dB]，円形のときで -17.6 [dB] となっている．開口径が大きい場合は，開口径に u が比例していることから，

表 5.1 矩形開口面アンテナの放射特性

開口分布 $f(x,y)$	利 得 $\left(\dfrac{4\pi}{\lambda^2}ab = 1\text{ とする}\right)$	半値角 [°]	第 1 サイドローブレベル [dB]
1	1	$50.8\dfrac{\lambda}{a}$	-13.3
$\cos\dfrac{\pi x}{a}$	0.81	$68.1\dfrac{\lambda}{a}$	-23.0
$\cos^2\dfrac{\pi x}{a}$	0.67	$82.5\dfrac{\lambda}{a}$	-31.5

表 5.2 円形開口面アンテナの放射特性

開口分布 $f(\rho,\phi)$	利 得 $\left(\dfrac{4\pi}{\lambda^2}\pi a^2 = 1\text{ とする}\right)$	半値角 [°]	第 1 サイドローブレベル [dB]
1	1	$29.5\dfrac{\lambda}{a}$	-17.6
$1-\rho^2$	0.75	$36.4\dfrac{\lambda}{a}$	-24.6
$(1-\rho^2)^2$	0.56	$42.2\dfrac{\lambda}{a}$	-30.6

5.3 開口面アンテナ

変化が大きくなり，グラフの概形は $u=0$ の方向に圧縮された形となる．開口径が大きくなるに従い，半値角は狭くなるが，第1サイドローブレベルは，開口径によらず一定となる．

また，開口面分布を両端にいくに従い小さくしていくことにより，第1サイドローブレベルを小さくすることができるが，利得は下がり，半値角は広くなる．レーダ用アンテナなど目標外からの電波を受信しないためには，このような開口面分布の設計が必要となる．

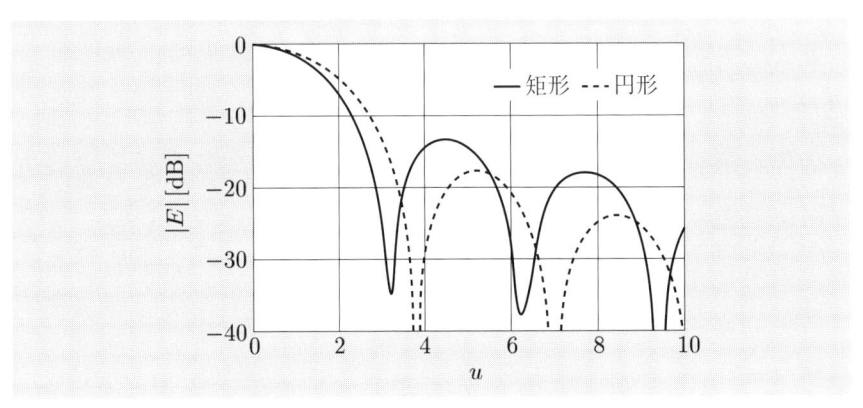

図 5.21　一様開口面アンテナの指向性

5 章 の 問 題

☐ **1** トップローディングアンテナのアンテナ高が低くなる理由を説明せよ．

☐ **2** 図 5.3(c) のブラウンアンテナの地線が $\lambda/4$ のときの利得は，1.52 [dBi] となる．半波長ダイポールアンテナの利得 1.64 [dBi] より小さい理由を述べよ．

☐ **3** ヘリカルアンテナの軸モード，ノーマルモードの違いを説明せよ．

☐ **4** マイクロストリップアンテナが多用される理由を説明せよ．

☐ **5** カセグレンアンテナとグレゴリアンアンテナの違いを説明せよ．

☐ **6** ホイヘンス–フレネルの原理について説明せよ．

第6章

アレイアンテナ

　前章で，様々なアンテナを扱ってきたが，単独のアンテナでは実現できる指向性など放射特性に限界がある．例えば，利得の高いアンテナを実現するには，大型アンテナが必要になる．それを解決する技術として，複数のアンテナを用いる方法がある．これをアレイ（配列）という．本章では，アレイアンテナの基礎として直線状アレイについて説明する．

6.1	アレイアンテナ
6.2	均一等間隔アレイ
6.3	アレイアンテナの指向性合成
6.4	アレイアンテナの利得
6.5	アレイの相互結合
6.6	走査型アレイ

6.1 アレイアンテナ

アレイアンテナ（array antenna）とは，複数個のアンテナ素子（element）を配列（array）し，各素子の励振条件（給電する電流の大きさ，位相）を制御することにより，単独のアンテナでは実現困難な放射特性を実現するアンテナである．

アレイアンテナは，高利得や低サイドローブをはじめ，ビームの向きを電子的制御するビーム走査，衛星搭載で日本の形にビームを作るビーム成形など，レーダや衛星搭載，電波天文，携帯電話の基地局などで実用化されている．図6.1には，電波天文で使用されている同一の反射鏡を用いたアレイアンテナの例を示す．開口径 6 [m] のパラボラアンテナを組み合わせ開口合成型電波望遠鏡（サブミリ波干渉計，SMA：sub-millimeter array）を構成している．

アレイアンテナの配列は，直線状に並べるもの，円形配置，三角配置などがある．その配置間隔は等間隔が基本となるが，不当間隔のアレイもある．素子アンテナは，基本的には同一素子を使用する．例えば，電波天文では，地球上に点在する様々なタイプのアンテナを使用して超大型アレイアンテナとして観測する場合もある．

図 6.1 サブミリ波干渉計（ハワイ，マウナケア山頂）

6.2 均一等間隔アレイ

同一素子アンテナを用いて直線上に等間隔で配置し，均一な励振を行うものがアレイアンテナの基本形である．図 6.2 に示すように，素子アンテナが N 個 z 軸上に等間隔 d で配列されている．素子アンテナは xz 面で一様な指向性を有するものとし，同一振幅，同位相で励振されているもの（一様分布）とする．

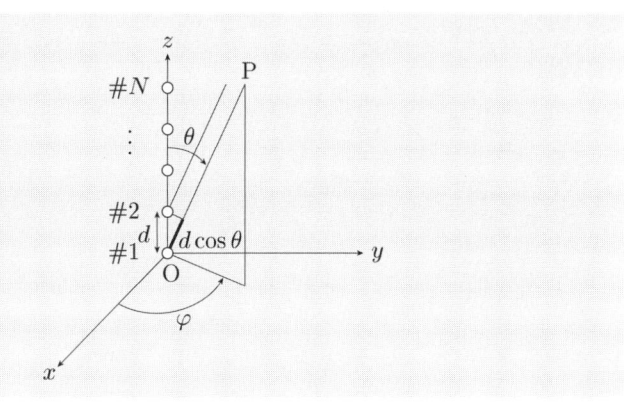

図 6.2 等間隔直線状アレイアンテナ

#1 の素子アンテナの放射電界を次式とすると，

$$E_1 = E_0 \frac{e^{-jkr}}{r} \tag{6.1}$$

#2 の素子アンテナの放射電界は，次のようになる．

$$E_2 = E_0 \frac{e^{-jkr}}{r} e^{jkd\cos\theta} \tag{6.2}$$

ここで，距離は $r - d\cos\theta$ となるが，4.3 節と同じ近似を用いると，位相項である $e^{jkd\cos\theta}$ が残る．同様に N 個の素子アンテナの合成電界は次式となる．

$$\begin{aligned}
E &= E_0 \frac{e^{-jkr}}{r}(1 + e^{jkd\cos\theta} + e^{j2kd\cos\theta} + \cdots + e^{j(N-1)kd\cos\theta}) \\
&= E_0 \frac{e^{-jkr}}{r} \sum_{n=1}^{N} e^{j(n-1)kd\cos\theta}
\end{aligned} \tag{6.3}$$

すなわち，アレイアンテナの合成指向性 $D(\theta)$ は，素子指向性 $D_0(\theta)$ と**配列係数**（array factor）$f(\theta)$ の積で表される．

$$D(\theta) = D_0(\theta) f(\theta) \tag{6.4}$$

配列係数 $f(\theta)$ は等比数列の和なので，以下のように書き表される．

$$\left. \begin{aligned} f(\theta) &= \sum_{n=1}^{N} e^{j(n-1)kd\cos\theta} = \frac{\sin(Nu/2)}{\sin(u/2)} e^{j(N-1)\frac{u}{2}} \\ u &= kd\cos\theta \end{aligned} \right\} \tag{6.5}$$

この係数は #1 の素子アンテナを基準にしている．基準をアレイの中心に選び，さらに最大値を 1 に規格化して絶対値をとった配列係数 $f_N(\theta)$ は，次式となる．

$$f_n(\theta) = \left| \frac{\sin(Nu/2)}{N\sin(u/2)} \right| \tag{6.6}$$

式 (6.6) において，素子間隔 d が十分に小さくなると $\dfrac{\sin(Nu/2)}{Nu/2}$ になるため，放射指向性は連続波源の開口面アンテナと同様の特性になる．

■ 例題 6.1

2 素子の等方性アンテナを $d = \lambda/2$ 離して配置し，同一の励振を行った場合，アンテナの配列面の指向性を求めよ．

【解答】式 (6.6) より，$k = \dfrac{2\pi}{\lambda}$, $d = \dfrac{\lambda}{2}$ を代入して，

$$f_n(\theta) = \left| \frac{\sin(Nu/2)}{N\sin(u/2)} \right| = \left| \frac{\sin(\pi\cos\theta)}{2\sin\left(\frac{\pi\cos\theta}{2}\right)} \right|$$

となる．配列方向がナルになる 8 の字指向性となる． ■

図 6.3 に式 (6.6) において $N = 10$ の場合の配列係数を示す．u に対して周期 2π で変化し，$u = 2m\pi$（m は整数）で最大となる．$u = 0$ を主ビーム（メインローブ）といい，その他のビーム（$u = 2m\pi,\ m \neq 0$）を**グレーティングローブ**（grating lobe）と呼ぶ．アレイアンテナでは，単一のビームが放射されるよう $|u| < 2\pi$ で使用するのが一般的である．主ビームが $u = 0$，つまり $\theta = \pi/2$ のとき，アレイに対して垂直方向にビームが放射されており，これを**ブロードサイドアレイ**（broad-side array）という．

図 6.4 にアレイの素子数 N を変化させたときの配列係数 f_N を示す．素子数 N が多くなると主ビームが細くなり，サイドローブレベルが下がる．

図 6.5 に素子数 $N = 5$，素子間隔 $d = \lambda/2$ のときの均一等間隔アレイアンテ

6.2 均一等間隔アレイ

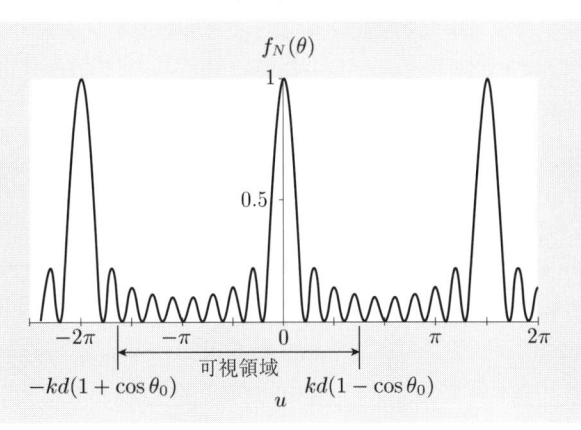

図 6.3 均一等間隔直線アレイの配列係数 ($N = 10$)

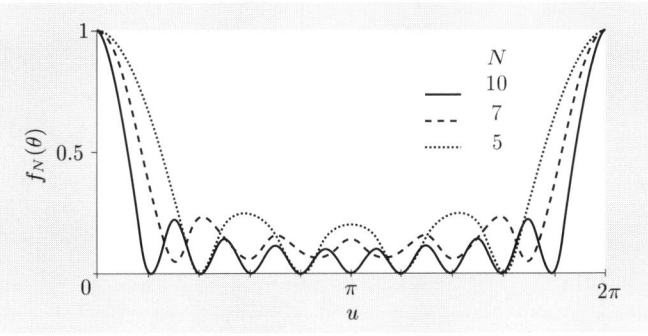

図 6.4 均一等間隔直線アレイの配列係数 f_N

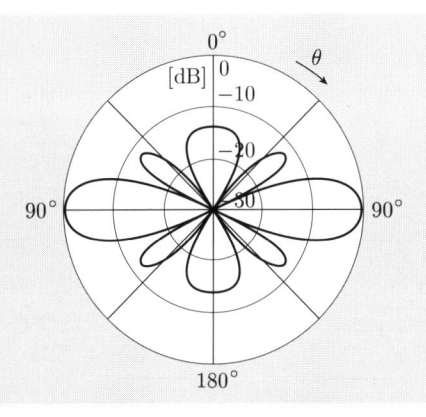

図 6.5 均一等間隔アレイの指向性 ($N = 5,\ d = \lambda/2$)

ナの指向性を示す．アレイの主ビームが $u=0$，つまり $\theta=\pi/2$ の方向に最も大きく放射されている．

これまで，各素子の励振位相が同位相の場合について説明をしてきた．各素子の励振位相が $kd\cos\theta_0$ ずつ遅れていく場合，式 (6.5) は，

$$u = kd(\cos\theta - \cos\theta_0) \tag{6.7}$$

となり，θ_0 傾いたビームとなる．このように励振位相差で任意の方向に主ビームを傾ける（**ビームチルト**：beam tilt）ことができ，θ_0 をチルト角という．特に，アレイの配列方向すなわちチルト角 $\theta_0 = 0$ の方向に主ビームを向けたアレイを，**エンドファイアアレイ**（end-fire array）という．

実際の u の範囲は，$|\cos\theta| \leq 1$ なので，

$$-kd(1+\cos\theta_0) \leq u \leq kd(1-\cos\theta_0) \tag{6.8}$$

となる．この範囲を**可視領域**（visible region）という．図 6.3 にビームチルトしている可視領域を示してある．チルト角 θ_0 が大きくなったり，素子間隔 d が広くなったりすると，この可視領域内にグレーティングローブが入ってくることになる．そのため，グレーティングローブが生じない条件として，素子間隔 d は次を満たす必要がある．

$$d < \frac{\lambda}{1+|\cos\theta_0|} \tag{6.9}$$

■ 例題 6.2
　無限導体板から $d=\lambda/4$ 離して等方性アンテナを配置した場合の指向性を求めよ．

【解答】 鏡像法により，イメージはアンテナ間隔が $d=\lambda/2$，位相差が π となる．$u = kd\cos\theta + \pi$ とし，式 (6.6) より $f_n(\theta) = \left|\dfrac{\sin(Nu/2)}{N\sin(u/2)}\right| = \left|\dfrac{\sin(\pi\cos\theta)}{2\cos\left(\frac{\pi\cos\theta}{2}\right)}\right|$ となる．導体板から素子アンテナ方向の単一指向性となる．これは，金属反射板付アンテナとして用いられている．ビームを狭くするために金属板を折り曲げた**コーナーリフレクタアンテナ**（corner reflector antenna）は，鏡像を3つ考え4素子アレイとして計算する． ■

6.3 アレイアンテナの指向性合成

アレイアンテナは所望の方向に電波を放射させることができる．そのため，一様励振，等間隔以外でもよく使用される．代表的な例としてサイドローブの抑圧がある．一様励振では，第 1 サイドローブレベルは $-13\,[\mathrm{dB}]$ 程度である．しかしながら，レーダで使用する場合など，サイドローブをさらに低いレベルまで下げることが要求される．これを実現する手段として，アレイアンテナの励振分布を，中央で高く，端にいくに従い弱くなるよう振幅にテーパを付ける方法がある．このように，素子アンテナの励振条件を求めることを**指向性合成**（array pattern synthesis）という．励振分布に重みを付ける方法として，励振振幅を変えるのが一般的だが，素子間隔を変えることにより重みを調整する方法もある．

所望の指向性をフーリエ級数展開し，この中の有限項で近似する．この有限項の項数が素子数に対応し，係数が励振振幅分布に相当する．素子間隔 d の $2M+1$ 素子直線アレイを考える．各素子の振幅を C_n とすると，配列係数 $f(\theta)$ は

$$f(\theta) = \sum_{n=-M}^{M} C_n e^{jnkd\cos\theta} \qquad (6.10)$$

となる．ここで，励振分布が中心素子に対して対称になっているとすると，$C_n = C_n$ なので，

$$\left.\begin{array}{l} f(\theta) = C_0 + 2\displaystyle\sum_{n=1}^{M} C_n \cos(nu) \\ u = kd\cos\theta \end{array}\right\} \qquad (6.11)$$

となる．なお，$2M$ 素子直線アレイの場合は，$C_0 = 0$ である．

■6.3.1 二項係数分布

N 素子の等間隔直線アレイの振幅分布を，図 6.6 に示すパスカルの三角形（Pascal's triangle）で求められる二項係数分布とすることで，サイドローブが生じない指向性が得られる．これを**二項係数分布アレイ**（binomial array）という．

n 段 i 番目の二項係数を $_nC_i = \dfrac{n!}{i!(n-i)!}$ とすると，配列係数は次のように

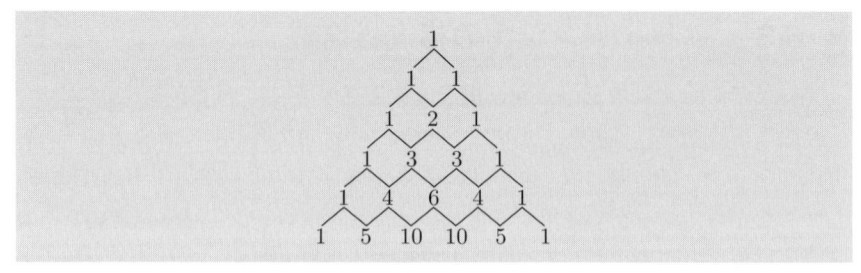

図 6.6 二項係数（パスカルの三角形）

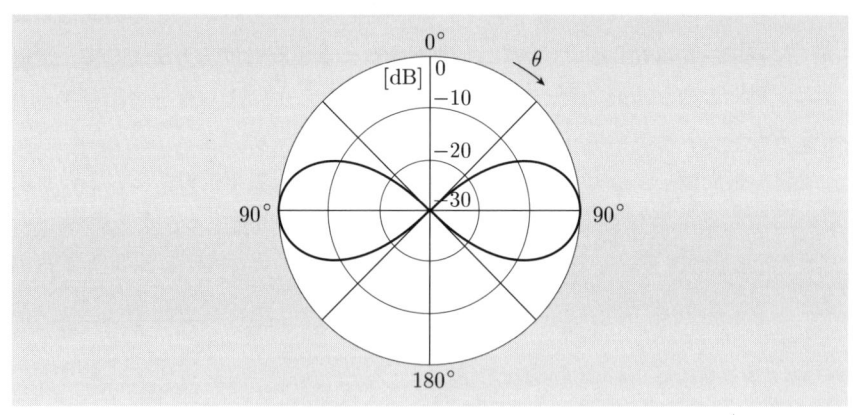

図 6.7 二項係数分布アレイの指向性（$N = 5$, $d = \lambda/2$）

なる（パスカルの三角形の頂点は 0 段 0 番）．

$$f(\theta) = \sum_{n=0}^{N-1} {}_{N-1}\mathrm{C}_n e^{jnu}$$
$$= 2^{N-1} e^{j(N-1)u/2} \cos^{N-1}\left(\frac{u}{2}\right) \tag{6.12}$$

素子間隔 $d = \lambda/2$ では，規格化した配列係数は次式となる．

$$f_n(\theta) = \cos^{N-1}\left(\frac{\pi}{2}\cos\theta\right) \tag{6.13}$$

図 6.7 に素子数 $N = 5$，素子間隔 $d = \lambda/2$ のときの二項係数分布の指向性を示す．図 6.5 と比較するとサイドローブが全くないが，ビーム幅が広がっているのが分かる．

■6.3.2 チェビシェフ分布

二項係数分布は，サイドローブはないがビーム幅が広がってしまう．そこで，サイドローブレベルをあるレベル以下とし，ビーム幅を狭くする方法に**チェビシェフ分布アレイ**（Chebyshev array, Dolph-Tschebyscheff array）がある．1946 年にドルフ（C.L.Dolph）がチェビシェフの多項式を用いることを提案した．チェビシェフ分布アレイは，第 1 サイドローブレベルをある値にまで下げることができる．それと同時に，その他のサイドローブレベルは，第 1 サイドローブレベルと同じ値にまで上昇することになる．

チェビシェフの多項式は以下のように定義されている．

$$\left.\begin{aligned}T_0(x) &= 1 \\ T_1(x) &= x \\ T_2(x) &= 2x^2 - 1 \\ T_3(x) &= 4x^3 - 3x \\ T_4(x) &= 8x^4 - 8x^2 + 1 \\ T_n(x) &= 2xT_{n-1}(x) - T_{n-2}(x)\end{aligned}\right\} \quad (6.14)$$

これらの多項式は，次式の余弦関数として満足する．

$$T_n(x) = \begin{cases} \cos(n\cos^{-1}x) & (-1 \leq x \leq 1) \\ \cosh(n\cosh^{-1}x) & (|x| > 1) \end{cases} \quad (6.15)$$

図 6.8 に示すように，$|x| \leq 1$ で $|T_n| \leq 1$ となる．この領域をサイドローブとして扱う．また，$|x| > 1$ で $|T_n| > 1$ となる領域を主ローブとし，この領域で設定値 $T_n(x_0) = R \ (>1)$ を定める．従って，サイドローブ部は最大で 1 なので，主ローブに対してサイドローブレベルは $1/R$ に抑圧され，チェビシェフ指向性が実現できる．

このときの配列係数 $f(\theta)$ は，素子アンテナの数（奇数：$2M+1$，偶数：$2M$）により次のようになる．

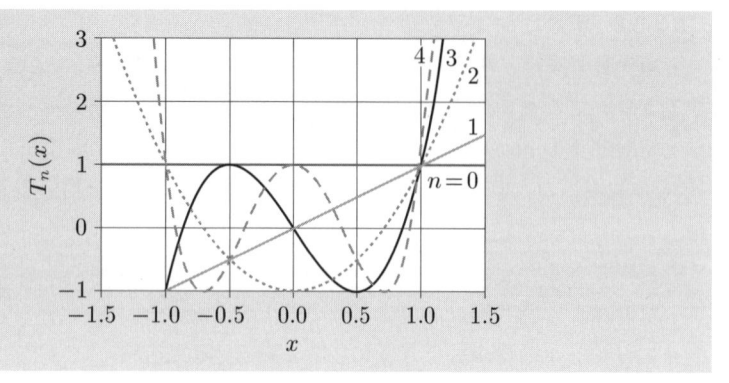

図 6.8 チェビシェフ多項式

$$f(\theta) = \begin{cases} C_0 + 2\sum_{n=1}^{M} C_n \cos(nu) & \text{奇数} \\ 2\sum_{n=1}^{M} C_n \cos\left\{(2n-1)\dfrac{u}{2}\right\} & \text{偶数} \\ u = kd\cos\theta & \end{cases} \quad (6.16)$$

式 (6.17) のように，N 素子の配列係数 $f(\theta)$ は，$N-1$ 次のチェビシェフの多項式と等しいとすることにより，励振振幅が求まる．

$$f(\theta) = T_{N-1}(x) \tag{6.17}$$

ここでチェビシェフ多項式の変数 x を，

$$x = x_0 \cos \frac{u}{2} \tag{6.18}$$

とおくことで，配列係数 $f(\theta)$ と係数比較ができる．

5 素子で素子間隔 $d = \lambda/2$，サイドローブレベル $-20\,[\text{dB}]$ $(R = 10)$ のときのチェビシェフ分布の指向性を考える．

$$T_4\left(x_0 \cos \frac{u}{2}\right) = 1 - 8x_0^2 \cos^2\left(\frac{u}{2}\right) + 8x_0^4 \cos^4\left(\frac{u}{2}\right) \tag{6.19}$$

$$\begin{aligned} f(\theta) &= C_0 + 2C_1 \cos u + 2C_2 \cos 2u \\ &= C_0 + 2C_1\left\{2\cos^2\left(\frac{u}{2}\right) - 1\right\} + 2C_2\left\{8\cos^4\left(\frac{u}{2}\right) - 8\cos^2\left(\frac{u}{2}\right) + 1\right\} \end{aligned} \tag{6.20}$$

係数を比較すると，

$$\left.\begin{array}{l} C_0 = 3x_0^4 - 4x_0^2 + 1 \\ C_1 = 2x_0^4 - 2x_0^2 \\ C_2 = \dfrac{x_0^4}{2} \end{array}\right\} \quad (6.21)$$

となる．主ビームの方向は $u = 0$ なので，x は式 (6.15) より，次式となる．

$$x_0 = \cosh\left(\frac{1}{N-1}\cosh^{-1} R\right) \quad (6.22)$$

ここで，$R = 10$ のとき，$x = 1.293$ となり，$C = 2.698, C_1 = 2.246, C_2 = 1.398$ と解ける．図 6.9 に 5 素子チェビシェフ分布アレイの指向性を示す．図 6.7 と比較すると，サイドローブは存在するが $-20\,[\mathrm{dB}]$ 以下となっており，かつビーム幅が狭くなっているのが分かる．

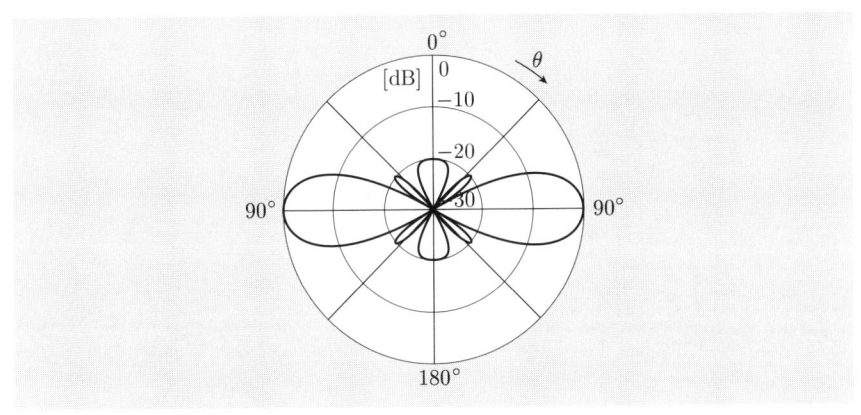

図 6.9 チェビシェフ分布アレイの指向性（$N = 5$, $d = \lambda/2$）

■ 6.3.3 テイラー分布

前節のチェビシェフ分布アレイは，第 1 サイドローブレベルを下げると同時に，主ビームから離れたサイドローブレベルも同じ値になる．一様分布アレイと比較して，主ビームから離れたサイドローブレベルが上昇することになるため利得が下がってしまう．これを解決する励振分布として，**テイラー分布**（Taylor distribution）が考案された．テイラー分布は連続波源に対して考えられてお

り，主ビーム近傍のサイドローブだけを抑圧し，それより離れたサイドローブレベルは一様分布と同じである．

アレイ長 L の直線配列アレイアンテナを考えたときに，前節のチェビシェフ分布アレイの素子数を無限大に近づけると連続波源とみなせる．このときの指向性は，次のように表される．

$$\left.\begin{array}{l}D(u) = \dfrac{\cos(\sqrt{u^2 - (\pi A)^2})}{\cosh(\pi A)} \\ u = \pi \dfrac{L}{\lambda} \cos\theta \\ A = \dfrac{\cosh^{-1}(R)}{\pi}\end{array}\right\} \quad (6.23)$$

ここで，連続波源分布 $I(v)$ と指向性 $D(u)$ の間には，次式のようなフーリエ変換の関係が一般に成り立つ．

$$\left.\begin{array}{l}D(u) = \displaystyle\int_{-\pi}^{\pi} I(v)e^{juv}dv \\ v = 2\pi\dfrac{x}{L}\end{array}\right\} \quad (6.24)$$

従って，パーセバルの等式（Parseval's equality）から次式となる．

$$\int_{-\pi}^{\pi} |I(v)|^2 dv = \frac{1}{2\pi}\int_{-\infty}^{\infty} |D(u)|^2 du \quad (6.25)$$

式 (6.23) より u が無限大になっても指向性 $D(u)$ は減衰しないので，式 (6.25) は発散してしまい最適な波源分布は求まらない．そこで，一様分布（$I(v) =$ 一定）のときの指向性 $D(u)$ が広角になる（u が大きくなる）に従いサイドローブレベルが減衰することを利用する．一様分布の時の指向性は

$$D(u) = \frac{\sin(u)}{u} \quad (6.26)$$

となるので，図 6.10 に示すように，式 (6.23) と (6.26) をそれぞれの零点 $u = \overline{n}\pi$（$\overline{n}$）は整数）で接続して用いる．その結果，テイラー指向性の零点は次のようになる．

$$u_n = \begin{cases} \pm\sigma\pi\sqrt{A^2 + \left(n - \dfrac{1}{2}\right)^2} & (1 \leq n \leq \overline{n}) \\ \pm n\pi & (\overline{n} \leq n \leq \infty) \end{cases} \quad (6.27)$$

6.3 アレイアンテナの指向性合成

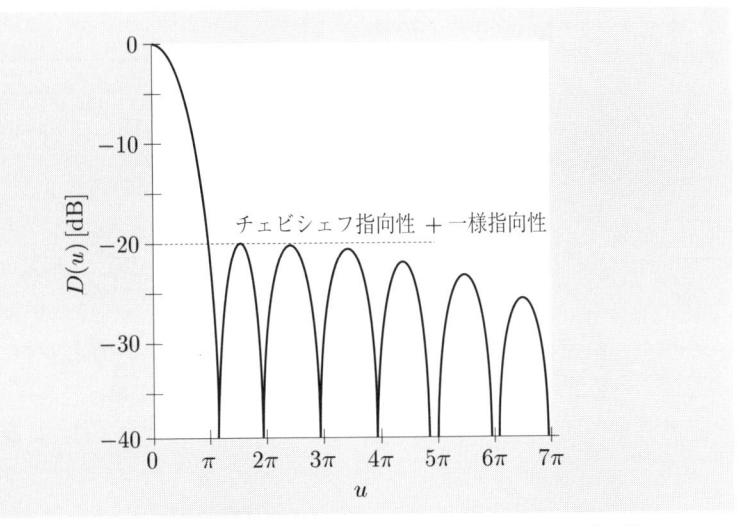

図 6.10 テイラー指向性 ($\overline{n} = 5$, サイドローブレベル $-20\,[\mathrm{dB}]$)

ここで，チェビシェフ指向性の零点を σ 倍して，一様分布の零点 $\overline{n}\pi$ にて一致させており，σ は次式となる．

$$\sigma = \frac{\overline{n}}{\sqrt{A^2 + \left(n - \frac{1}{2}\right)^2}} \tag{6.28}$$

$u \leq \overline{n}\pi$ ではチェビシェフ分布の式 (6.23) を，$u \geq \overline{n}\pi$ では一様分布の式 (6.26) を用いることとなる．このようにして得られる指向性をテイラー指向性といい，その指向性は次式となる．

$$D(u) = \frac{\sin(u)}{u} \frac{\prod_{n=1}^{\overline{n}-1}\left\{1 - (u/u_n)^2\right\}}{\prod_{n=1}^{\overline{n}-1}\left\{1 - (u/n\pi)^2\right\}} \tag{6.29}$$

このような指向性を作る連続波源分布 $I(z)$ は，次式となる．

$$I(z) = \frac{\lambda}{L}\left\{1 + 2\sum_{n=1}^{\overline{n}-1} D(n\pi)\cos\left(2\pi n \frac{z}{L}\right)\right\} \tag{6.30}$$

アレイに適用する場合は，連続波源分布 $I(z)$ を各アレイ素子に対応した離散的な波源として，励振係数を決めればよい．

6.4 アレイアンテナの利得

アレイアンテナの目的として，指向性を鋭くする他に利得の向上がある．ここでは，図 6.2 に示した素子間隔 d，素子数 N の直線状のアレイアンテナの利得について考える．素子アンテナの損失がないものとすると，全放射電力は次のようになる．

$$W_r = \mathcal{R}e \sum_{n=1}^{N} V_n I_n^* = \sum_{n=1}^{N} \sum_{m=1}^{N} R_{nm} I_n I_m^* \quad (6.31)$$

ここで V_n, I_n は n 番目の素子の給電電圧，電流であり，R_{nm} は相互放射抵抗と呼ばれ，素子 n, m 間の距離により決まる．単位給電電流での各素子アンテナの放射電界を $g(\theta)$ とすると，アレイアンテナの利得は次式となる．

$$\left.\begin{array}{l} G = \dfrac{4\pi r^2 |g(\theta)|^2 \left| \sum_{n=1}^{N} I_n e^{jnu} \right|^2}{Z_0 \sum_{n=1}^{N} \sum_{m=1}^{N} R_{nm} I_n I_m^*} \\ u = kd\cos\theta \end{array}\right\} \quad (6.32)$$

一方，全放射電力は，式 (4.42) のように指向性利得を全空間で積分することからも計算できるので，

$$\begin{aligned} W_r &= \frac{r^2}{Z_0} \int_0^{2\pi} d\varphi \int_0^{\pi} |g(\theta)|^2 \left| \sum_{n=1}^{N} I_n e^{jnu} \right|^2 \sin\theta d\theta \\ &= \frac{r^2}{Z_0} \int_0^{2\pi} d\varphi \int_0^{\pi} |g(\theta)|^2 \left(\sum_{n=1}^{N} I_n e^{jnu} \right) \left(\sum_{m=1}^{N} I_m^* e^{-jmu} \right) \sin\theta d\theta \\ &= \frac{r^2}{Z_0} \int_0^{2\pi} d\varphi \int_0^{\pi} |g(\theta)|^2 \sum_{n=1}^{N} \sum_{m=1}^{N} I_n I_m^* e^{j(n-m)u} \sin\theta d\theta \quad (6.33) \end{aligned}$$

となり，級数と積分の順番を入れ替え，式 (6.31) と比較すると，相互放射抵抗 R_{nm} は次のように表され，素子間隔に依存する．

$$R_{nm} = \frac{r^2}{Z_0} \int_0^{2\pi} d\varphi \int_0^{\pi} |g(\theta)|^2 e^{j(n-m)u} \sin\theta d\theta \quad (6.34)$$

各素子の放射電界 $g(\theta)$ を最大値で規格化したものを $g_r(\theta)$ とすると，指向性利得は次のように求まる．

6.4 アレイアンテナの利得

$$
\left.\begin{aligned}
G_d &= \frac{\left|\sum_{n=1}^{N} I_n e^{jnu}\right|^2}{\sum_{n=1}^{N}\sum_{m=1}^{N} r_{nm} I_n I_m^*} \\
r_{nm} &= \frac{1}{4\pi} \int_0^{2\pi} d\varphi \int_0^{\pi} |g_r(\theta)|^2 e^{j(n-m)u} \sin\theta d\theta
\end{aligned}\right\} \quad (6.35)
$$

素子アンテナの指向性を等方性としたときは，次式となる．

$$
r_{nm} = \frac{\sin\psi}{\psi}, \quad \psi = kd(n-m) \quad (6.36)
$$

素子間隔 $d = \lambda/2$ のときの均一等間隔アレイアンテナの場合，式 (6.36) は $r_{nm} = 0 \ (n \neq m)$，$r_{nn} = 1$ となり，等位相励振の場合指向性利得は次のようになる．

$$
G_d = \frac{\left|\sum_{n=1}^{N} I_n\right|^2}{\sum_{n=1}^{N} |I_n|^2} \quad (6.37)
$$

これは一様励振（$I_n =$ 一定 $(n = 1, 2, \cdots, N)$）のときに指向性利得が最大となり，素子数と同じ N となる．

大型アンテナ

長距離の通信を行おうとすると，伝搬損があるため利得の高い大型アンテナが必要となる．例えば，何十光年も離れた星からの微弱電波を受信する電波天文では，国立天文台野辺山宇宙電波観測所にある直径 45 [m] のカセグレンパラボラアンテナが存在する．このアンテナは周波数 1～150 [GHz] を使用しており，自重が 700 [t] もある．アンテナを傾けた際の自重による鏡面の歪みや，温度変化，風圧での歪みを補償装置により修正し鏡面精度 0.01 [mm] を実現している．ちなみに物理的な大きさでは，宇宙航空研究開発機構臼田宇宙空間観測所に直径 64 [m]，重さ 1980 [t] のアンテナがあり，"はやぶさ" などの探査機との通信を行っている．プエルトリコのアレシボ天文台には，窪地を利用した直径 305 [m] のパラボラアンテナがある．

6.5 アレイの相互結合

■6.5.1 相互インピーダンス

アレイアンテナにおいて，素子アンテナ間の距離が十分離れているときは問題とはならないが，通常の素子アンテナ間隔は半波長程度と接近しているため，一方の素子アンテナから放射された電磁界が他方に影響を及ぼすことが問題となる．このとき，素子アンテナ間には結合が生じ，それにより励振分布が所望と異なったものとなる．これは，電気回路でいうトランスや，2つのコイルを並べた時の誘導起電力の現象を考えれば理解しやすい．N 個の素子アンテナがあり，それらに電圧 V_n が加えられ，電流 I_n が流れているとすると，その関係は以下のようになる．

$$\begin{bmatrix} V_1 \\ \vdots \\ V_N \end{bmatrix} = \begin{bmatrix} Z_{11} & \cdots & Z_{1N} \\ \vdots & \ddots & \vdots \\ Z_{N1} & \cdots & Z_{NN} \end{bmatrix} \begin{bmatrix} I_1 \\ \vdots \\ I_N \end{bmatrix} \tag{6.38}$$

Z_{nn} は**自己インピーダンス**（self impedance）であり，Z_{mn} ($n \neq m$) は**相互インピーダンス**（mutual impedance）である．相互インピーダンスは，2つのアンテナ間の結合度に関する量であり，素子アンテナ間の距離 d に依存する．また，可逆定理より $Z_{mn} = Z_{nm}$ となる．式 (6.38) は，例えば素子 1 の電圧 V_1 は，自身の電流 I_1 だけではなく，他の素子に流れる電流 I_n の影響も受けることを示している．この相互結合により，励振分布が所望のものからずれてしまい，その結果，指向性合成された指向性パターンも異なったものとなってしまう．そのため，所望のパターンを実現するには，相互結合を考慮して印加電圧を求める必要がある．

■ 例題 6.3

2本のダイポールアンテナを平行に配置する．一方の給電点を短絡したときに，もう一方の給電点でのインピーダンスを求めよ．ただし，自己インピーダンスをそれぞれ Z_{11}, Z_{22} とし，相互インピーダンスを Z_{12} とする．

【解答】ダイポールアンテナを#1, #2 とし，#2 を短絡しているとする．式 (6.38) より，

6.5 アレイの相互結合

$$\begin{cases} V_1 = Z_{11}I_1 + Z_{12}I_2 \\ 0 = Z_{12}I_1 + Z_{22}I_2 \end{cases}$$

となる．この連立方程式より，$Z_{in} = \dfrac{V_1}{I_1} = Z_{11} - \dfrac{Z_{12}^2}{Z_{22}}$ となる．相互結合により，アンテナのインピーダンスが変わってしまうことが分かる． ∎

■6.5.2 寄生素子付きアンテナ

これまではアレイアンテナは各素子に励振するものとしていたが，すべての素子に励振せずとも，素子間の距離が近ければ相互結合により電流が流れるため，指向性合成が行える．このような給電されていない素子を，**無給電素子**または**寄生素子**（parasitic element）という．アンテナに寄生素子を付加することで，単体のアンテナより指向性が鋭くなる，広帯域化されるなど，電気特性を変えることができる．代表的なアンテナとして，テレビの受信用アンテナなどに用いられる八木・宇田アンテナ（Yagi-Uda antenna）がある．八木・宇田アンテナは，図 6.11 のように線状アレイアンテナで，給電された半波長ダイポールアンテナ（放射器：radiator）の近傍に，半波長より長い線状素子（反射器：reflector）と，複数の半波長より短い線状素子（導波器：director）を並べたアンテナである．図 6.12 に示すように，導波器は給電ダイポールアンテナより素子長の長さが短いため，電流の位相遅れが生じ z 方向にビームが傾くことになる．逆に，反射器は素子長が長いため電流の位相は進み給電ダイポールに対して反対方向にビームが傾くが，導波器と位置関係が逆のため z 方向にビームが傾くことになる．このように，八木・宇田アンテナは全体で z 方向に鋭い指向性を示すことになる．導波器の素子数を増やすことで，指向性はさらに鋭くなり，利得が高くなる．

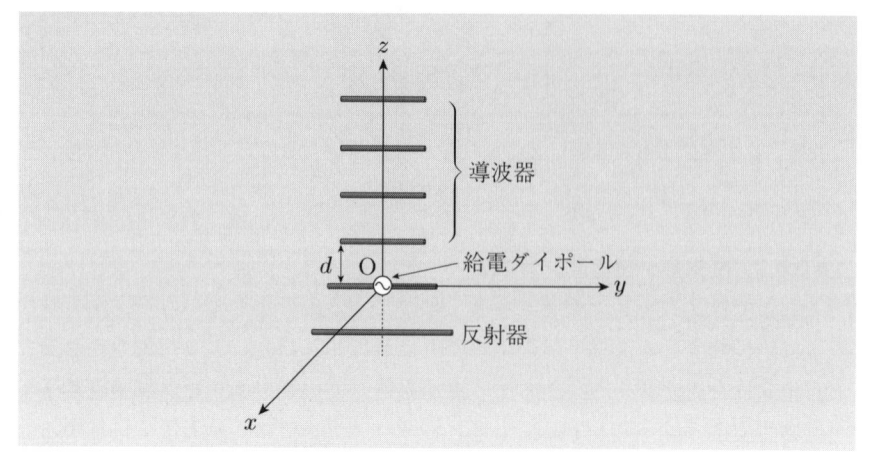

図 6.11　八木・宇田アンテナ

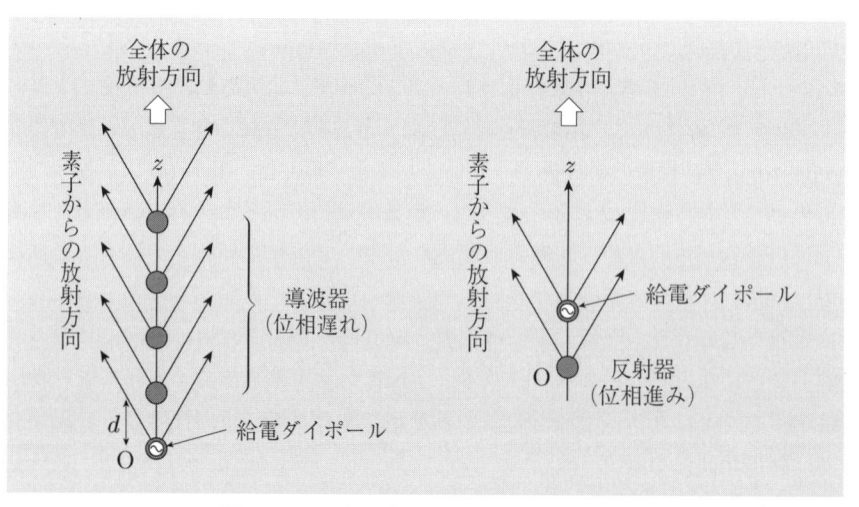

図 6.12　八木・宇田アンテナの放射概念

6.6 走査型アレイ

■**6.6.1 フェイズドアレイ**

6.2 節でビームチルトに触れ，素子間隔に応じて励振位相が変わり，その位相角に応じてチルト角が変わることを式 (6.7) で示した．レーダのようにビームを高速で走査するには，レーダアンテナを機械的に回転させる方法と，励振位相を電気的変化させる方法がある．レーダでは，ビームの半値角を狭くする必要から大型のアンテナを用いることがあり，機械駆動でアンテナを走査するには物理的に困難が伴うだけではなく，メンテナンスでも問題がある．そこで，多数の素子アンテナを平面上に配置して，その励振位相を**移相器**（phase shifter）やスイッチングで走査するアレイを**フェイズドアレイ**（phased array）という．多素子で構成するため，各素子は小電力の増幅器でも合成すると大電力を賄える，素子に不具合が生じた場合でも他の多数の素子で補えるなど，システムとして考えたときに信頼性の面でも有利である．特に衛星搭載など地上から離れた遠隔でも，プログラミングによってビームの調整ができるなど利点がある．図 6.13 にはイージス艦に使用されているフェイズドアレイアンテナを示す．写真中央の船体に六角形板状のアンテナが 2 式装備されている他，マスト部には

図 6.13 イージス艦

(a) パッシブフェイズドアレイ

(b) アクティブフェイズドアレイ

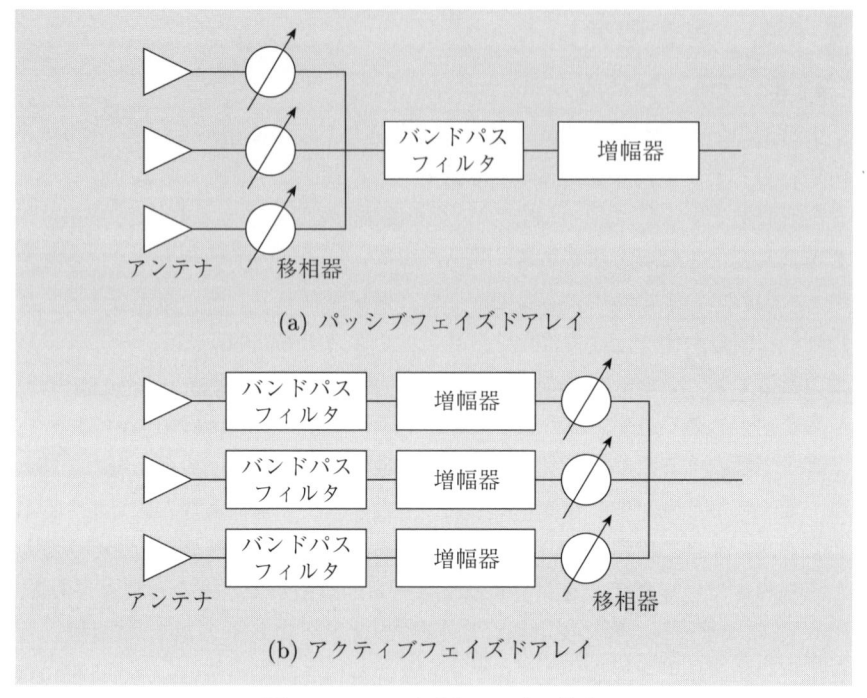

図 6.14　フェイズドアレイの構成

レーダアンテナや通信用アンテナが装備されている．

　励振位相を変化させる方法としては，フェライト移相器を用いる方法，PINダイオードやガリヒ素FET，超小型電気機械システム（MEMS：micro electro mechanical systems）などの高周波スイッチを用いたデジタル移相器がある．さらに，**バトラーマトリクス**（Butler matrix）という3[dB]ハイブリッド結合器を用いた複数の入力端と出力端を持ち，入力する端子に応じてすべての出力端子から出力される回路を用いる方法もある．この回路は，どの入力端子から入力しても出力端子に均等に電力を分配するが，位相に関しては入力端子に応じて，各出力端子からある位相傾きを持って出力される．バトラーマトリクスは，入力端子を切り替えることによりビームを走査する使い方の他に，すべての入力端子を用いて，**マルチビーム**（multi beam）を形成する使用法もある．

　フェイズドアレイには，図6.14に示すようにその構成方法により，複数の

素子アンテナと1つの増幅器で構成される**パッシブフェイズドアレイ**（passive phased array）と，素子アンテナそれぞれに増幅器が接続されている**アクティブフェイズドアレイ**（active phased array）に分類される．

■6.6.2　アダプティブアレイアンテナ

　励振位相だけではなく，励振振幅も制御してビームを走査することにより，不要電波の到来方向にナルを形成するなど，所望波と不要波を切り分ける機能を持たせる適応型のアレイアンテナを**アダプティブアレイアンテナ**（adaptive array antenna）という．アダプティブアレイアンテナもフェイズドアレイと同様に，その構成方法によりパッシブ型，アクティブ型が存在する．図6.14で示した構成の移相器を，振幅，位相を制御するビームフォーミングネットワーク（BFN：beam forming network）に置き換えた構成となる．アダプティブアレイアンテナは到来電波をモニタしており，所望波や不要波の到来方向が変わっても最適なビームを形成するよう振幅，位相を制御する．最近では，アナログ–デジタル(A-D)変換を用いて，デジタル信号処理によりビームを形成するDBF（digital beam forming）が使用されている．

　アダプティブアレイアンテナは，携帯電話の基地局に使用して，基地局間干渉の低減や端末へビームを向け回線品質の向上に利用されている．また，到来波方向に電波を送り返す**レトロディレクティブアンテナ**（retrodirective antenna）としても使われ，衛星通信など移動体との通信に使用されている．

6 章 の 問 題

- **1** アレイアンテナが用いられる理由を説明せよ．
- **2** 例題 6.1 の素子数が 3 素子，4 素子となったときの指向性を求めよ．
- **3** グレーティングローブについて説明せよ．
- **4** ブロードサイドアレイ，エンドファイアアレイについて説明せよ．
- **5** チェビシェフ分布アレイ，テイラー分布アレイについて説明せよ．
- **6** フェイズドアレイアンテナについて説明せよ．

第7章

電波伝搬

　電磁波の利用，特に通信として利用するには，窓口となる電波を送受信するアンテナも重要であるが，その経路となる空間中の電波伝搬も同じように重要となる．本章では，周波数，伝搬路などによって異なる伝搬特性について説明を行う．

7.1　電波伝搬の分類
7.2　地上波伝搬
7.3　対流圏伝搬
7.4　電離圏伝搬
7.5　フェージング

7.1 電波伝搬の分類

第 1 章で示したように，電磁波の利用は低い周波数から始まり，高い周波数へと，RF (radio frequency) デバイス技術の開発と利用形態の変化によって展開されてきた．地球上の電波伝搬は図 7.1 に示すように，大地からの高度に応じて 3 つに大きく分けられる．大地およびその近傍の伝搬を**地上波伝搬** (terrestrial propagation)，大地から高度約 10 [km] までの空気の対流がある**対流圏**の伝搬を**対流圏伝搬** (troposphere propagation)，対流圏のさらに上空で大気が**プラズマ** (plasma) 状態になっている**電離圏**の伝搬を**電離圏伝搬** (ionosphere propagation) という．地上波伝搬と対流圏伝搬は分けて考えることはできず，無線通信は必ずこれらの影響を受ける．無線通信初期から使われている長波 (VLF) から短波 (HF) にかけては，長距離を伝搬させるため地上波伝搬が重要視されるが，電離圏の影響も受ける．超短波 (VHF) 以上になると，電離圏の影響はほとんどなくなる．また，宇宙との通信では，地上波伝搬よりは，対流圏，電離圏の影響が大きくなる．

送受信点間に電波伝搬を遮るものがない伝搬を**見通し内伝搬** (LOS：line-of-sight propagation)，遮るものがあり直接に波が到達しないものを**見通し外伝搬** (NLOS：non line-of-sight propagation) という．

携帯電話に代表される移動通信では，都市部における建物による回折や，多重反射の影響，移動に伴う干渉なども考慮する必要がある．この他にも，地中，水中，水上，人体など異なる媒質における電波伝搬も研究されている．

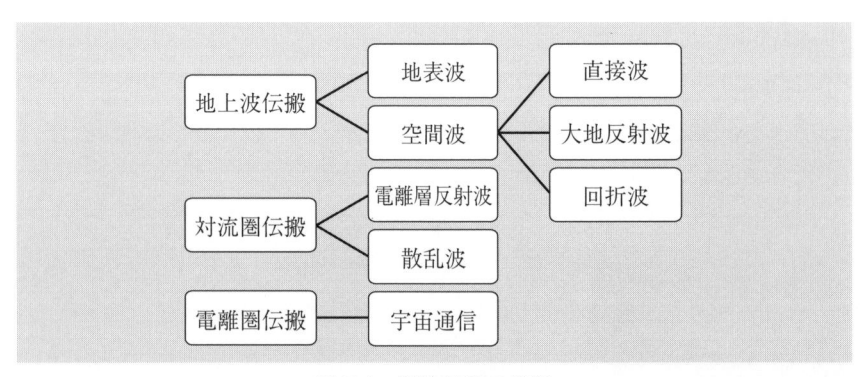

```
地上波伝搬 ┬ 地表波
          └ 空間波 ┬ 直接波
                  ├ 大地反射波
                  └ 回折波
対流圏伝搬 ┬ 電離層反射波
          └ 散乱波
電離圏伝搬 ── 宇宙通信
```

図 7.1 電波伝搬の分類

7.2 地上波伝搬

地上波は図 7.2 に示すように，**地表波**（surface wave），**直接波**（direct wave），**大地反射波**（ground-reflected wave），**山岳回折波**（mountain-ridge diffracted wave）からなる．地表波は大地に誘起された電流によって地表に生じる電磁界であり，地表面に沿って伝搬する．直接波は，送受信の 2 点間を直線で結ぶ経路を伝搬する電磁界である．大地反射波は，2 点間の大地に反射して到達する経路を伝搬する電磁界である．また，山岳回折波は，送受信点間に山や建造物があり，まっすぐに見通せなくても，それらの回折によって伝搬する電磁界である．

■ 7.2.1 大地反射波

実際の大地には凸凹が存在しており，電波伝搬においてこの凸凹が問題となるのは電波の周波数が VHF 帯以上の場合となる．大地の凸凹が波長に比べて十分に小さいときは，平面大地で近似できる．図 7.3 に平面大地上における伝搬を示す．送信点のアンテナ高 h_1，受信点のアンテナ高 h_2 が距離 d 離れているとき，送受信間の伝搬は最短経路 r_1 の直接波と大地にて反射する経路 r_2 の大地反射波が存在する．送信点から受信点までの反射波の経路は，「2 点間を伝搬する光（光も電磁波である）は，その通過時間が最小となる経路を通る」と

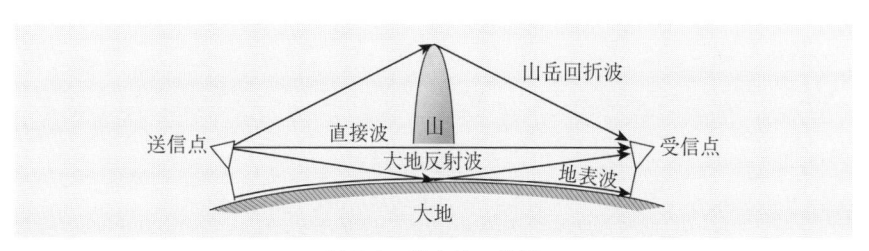

図 7.2 地上波の分類

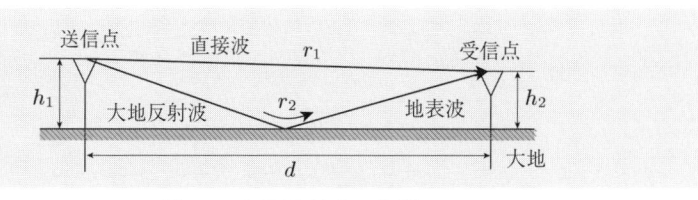

図 7.3 平面大地上の伝搬

いうフェルマの原理（Fermat's principle）に従って決まる．大地での反射係数 R を用いると受信電界は，直接波と大地反射波の和として，次式で表される．

$$E = E_0 e^{-jkr_1} + RE_0 e^{-jkr_2}$$
$$= E_0 e^{-jkr_1} \left\{ 1 + R e^{-jk(r_2-r_1)} \right\} \tag{7.1}$$

ここで E_0 は，自由空間中での受信電界強度である．送信出力 W，送信アンテナの実効利得 G_a のとき，距離 d でのポインティング電力は $|E_0|^2/Z_0$ なので，$G_a W = 4\pi d^2 \dfrac{|E_0|^2}{Z_0}$ より，E_0 は次式となる．

$$|E_0| = \frac{1}{d}\sqrt{\frac{Z_0}{4\pi} G_a W} = \frac{\sqrt{30 G_a W}}{d} \tag{7.2}$$

送受信間距離 d は，アンテナ高 h_1, h_2 に比べて十分に長いので，経路 r_1, r_2 は，次のようになる．

$$\begin{aligned}
r_1 &= \sqrt{d^2 + (h_1 - h_2)^2} = d\sqrt{1 + \left(\frac{h_1 - h_2}{d}\right)^2} \\
&\cong d\left\{ 1 + \frac{1}{2}\left(\frac{h_1 - h_2}{d}\right)^2 \right\} = d + \frac{(h_1 - h_2)^2}{2d} \\
r_2 &= \sqrt{d^2 + (h_1 + h_2)^2} \cong d + \frac{(h_1 + h_2)^2}{2d}
\end{aligned} \tag{7.3}$$

$$r_2 - r_1 \cong \frac{2 h_1 h_2}{d} \tag{7.4}$$

このとき，反射係数 R は全反射になるので $R = -1$ となり，受信電界強度 E は次式となる．

$$\begin{aligned}
E &= E_0 e^{-jkr_1}\left(1 - e^{-jk\frac{2h_1 h_2}{d}} \right) \\
&= E_0 e^{-jkr_1} e^{-jk\frac{h_1 h_2}{d}} \left(e^{jk\frac{h_1 h_2}{d}} - e^{-jk\frac{h_1 h_2}{d}} \right)
\end{aligned} \tag{7.5}$$

$$E = 2|E_0| \sin\left(\frac{2\pi h_1 h_2}{\lambda d}\right) \tag{7.6}$$

式 (7.5) は，アンテナ高 h_1, h_2，送受信間距離 d の関数となっている．図 7.4 に示すように，受信電界強度は送信点に近い所では干渉により周期的に変化し，距離が離れるに従いその周期が長くなる．さらに，より離れると一定の割合で

7.2 地上波伝搬

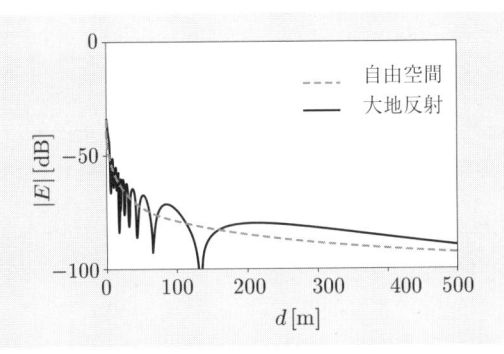

図 7.4 大地上の伝搬 （2 [GHz], $h_1 = 10$ [m], $h_2 = 1$ [m]）

減衰する．また，送受信間距離 d を固定し，受信アンテナの高さ h_2 を変化させると，受信電界は正弦波状に変化するため，直接波と大地反射波が打ち消し合ってナルとなるアンテナ高 h_2 が存在する．このように直接波と大地反射波の干渉による高さ方向の受信電界の変化を，**ハイトパターン**（height pattern）という．式 (7.6) からも分かるように，ハイトパターンのナル点の間隔は，送信点から遠いほど長くなる．このように，受信アンテナの設置位置により受信電界強度が変わるので，特に高さ方向には注意する必要がある．

例題 7.1

平面大地上に，高さ 600 [m] の送信アンテナから周波数 500 [MHz]，送信電力 10 [kW] の電波が放射されている．このアンテナの利得を 10 [dB] とした場合，送信アンテナから距離 50 [km] 離れ，高さ 10 [m] の場所での電界強度を求めよ．

【**解答**】 式 (7.2) より自由空間の電界強度は，

$$|E_0| = \frac{\sqrt{30 G_a W}}{d} = \frac{\sqrt{30 \cdot 10 \cdot 10 \times 10^3}}{50 \times 10^3} \cong 0.0346 \,[\text{V/m}]$$

距離に比べアンテナ高は十分に低いので，式 (7.6) より電界強度は，以下のようになる．

$$E = 2|E_0|\sin\left(\frac{2\pi h_1 h_2}{\lambda d}\right) = 2 \times 0.0346 \times \sin\left(\frac{2\pi \cdot 600 \cdot 10}{0.6 \cdot 50 \times 10^3}\right)$$
$$\cong 0.0658 \,[\text{V/m}] = 65.8 \,[\text{mV/m}]$$

送受信間距離が 100 [km] 以上になると，地球の丸みを無視できなくなる．その場合，図 7.5 に示すように，球面大地上に平面を仮定し，その平面からのアンテナ高 h_1', h_2' を用いれば，式 (7.6) は次のように表される．

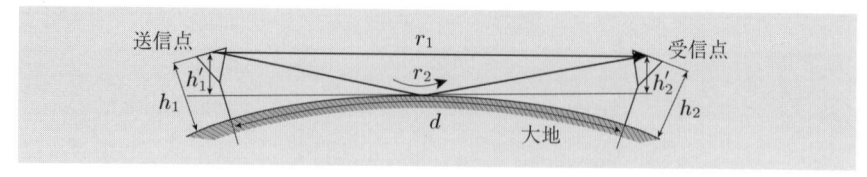

図 7.5 球面大地上の伝搬

$$\left.\begin{array}{l}|E| = 2|E_0| \sin\left(\dfrac{2\pi h'_1 h'_2}{\lambda d}\right) \\ h'_1 = h_1 - \dfrac{1}{2R}\left(\dfrac{dh_1}{h_1+h_2}\right)^2\end{array}\right\} \quad (7.7)$$

ここで,地球の半径を R とし,h'_2 も同様である.

■ 例題 7.2

例題 7.1 の条件にて,球面大地とした場合の電界強度を求めよ.ただし,地球の半径を 6400 [km] とする.

【解答】 自由空間の電界強度 E は同じなので,式 (7.7) よりアンテナ高は,

$$h'_1 = h_1 - \frac{1}{2R}\left(\frac{dh_1}{h_1+h_2}\right)^2 = 600 - \frac{1}{2\cdot 6400\times 10^3}\left(\frac{50\times 10^3 \cdot 600}{600+10}\right)^2 \cong 411\,[\text{m}]$$

$$h'_2 = h_2 - \frac{1}{2R}\left(\frac{dh_2}{h_1+h_2}\right)^2 = 10 - \frac{1}{2\cdot 6400\times 10^3}\left(\frac{50\times 10^3 \cdot 10}{600+10}\right)^2 \cong 10\,[\text{m}]$$

となるため,電界強度は,

$$E = 2|E_0|\sin\left(\frac{2\pi h'_1 h'_2}{\lambda d}\right) = 2\times 0.0346 \times \sin\left(\frac{2\pi \cdot 411 \cdot 10}{0.6 \cdot 50\times 10^3}\right)$$

$$\cong 0.0261\,[\text{V/m}] = 26.1\,[\text{mV/m}]$$

となる.大地が平面か球面かで大地反射による干渉の影響が大きく違い,電界強度が変わることが分かる.

■ 7.2.2 山岳回折

送受信点間に山や建造物がある場合は,それらに遮られて直接波は到達しない.しかしながら,ホイヘンスの原理により,山などの端部で回折が生じることから,ある程度の電波が受信点に到達することができる.実際の山や建造物は形状が複雑なため,図 7.6 に示すような簡単なモデルを用いて受信電界強度の推定がよく行われる.これは,送受信間の伝搬路上に垂直にくさび型の障害物

7.2 地上波伝搬

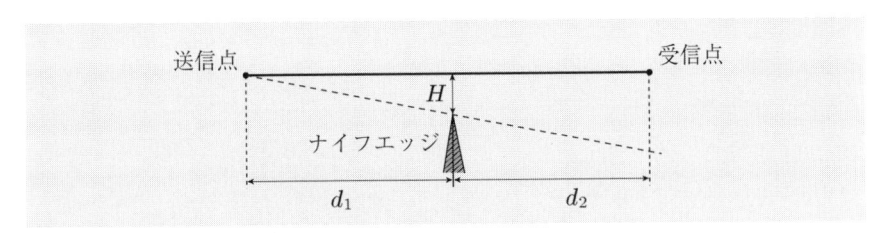

図 7.6 ナイフエッジによる回折

(**ナイフエッジ**：knife edge) を考え，その頂点で回折が起きるモデルである．

障害物が存在しないときの受信電界強度を E とすると，受信点での電界強度 E との比を**回折係数** (diffraction coefficient) $S(w)$ といい，以下の関係となる．

$$\frac{E}{E_0} = S(w) \tag{7.8}$$

$$w = H\sqrt{\frac{2}{\lambda}\left(\frac{1}{d_1} + \frac{1}{d_2}\right)} \tag{7.9}$$

ここで w は，ナイフエッジから送受信点までの距離 d_1, d_2 と伝搬路とナイフエッジまでの距離 H の関数で，**離間係数** (clearance) と呼ばれる．図 7.7 に回折係数 $S(w)$ を示す．$H = 0$ のとき，$w = 0$ となるので，回折係数 $S(w)$ は 0.5 となり，ナイフエッジの影響のため電界強度は自由空間の半分になる．$w < 0$ の領域では，ナイフエッジに遮られて直接波が受信点に届かなくなり，受信電

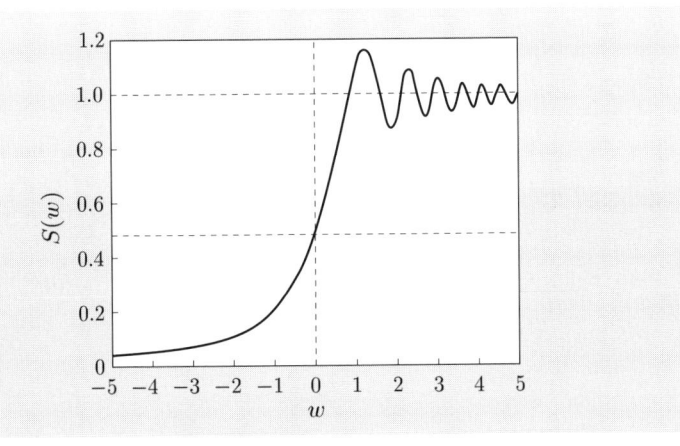

図 7.7 回折係数 $S(w)$

界強度は急激に小さくなる．逆に $w > 0$ の領域では，直接波とナイフエッジからの回折波が干渉し，振動しながら自由空間の値 $S(w) = 1$ に収束する．

山岳回折伝搬において，山と送信点あるいは受信点との間で，大地反射を考慮することが必要な場合がある．また，図 7.8 に示すように，球面大地の見通し外

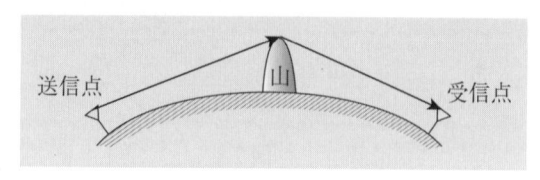

図 7.8 球面大地での山岳回折

伝搬の場合，ナイフエッジによって受信電界強度が強くなる場合があり，これを**山岳利得**（obstacle gain）という．

■ 例題 7.3

図 7.9 に示すように，平面大地上の送受信点間に高さ h_M が 200 [m] の山がある．送信点から山までの距離 d_1 を 50 [km]，山から受信点までの距離 d_2 を 10 [km]，送信

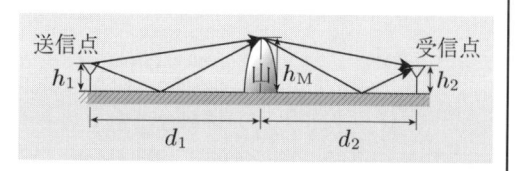

図 7.9 平面大地での山岳回析

点の高さ h_1 を 100 [m]，受信点の高さ h_2 を 20 [m] とする．送信点から，周波数 500 [MHz]，送信電力 10 [kW] の電波が放射されている．送信アンテナの利得を 10 [dB] とした場合，受信点での電界強度を求めよ．ただし，回折係数 $S = 0.2$ とする．

【解答】 送信点から山頂までの伝搬による電界強度を計算し，山による回折効果を考慮し，それをもとに山頂から受信点の伝搬による計算によって，受信点での電界強度が求まる．式 (7.2)，(7.6)，(7.8) より，受信点での電界強度 E は，$E = 4S|E_0| \sin\left(\dfrac{2\pi h_1 h_M}{\lambda d_1}\right) \sin\left(\dfrac{2\pi h_M h_2}{\lambda d_2}\right)$ となる．

$$|E_0| = \frac{\sqrt{30 G_a W}}{d_1} = \frac{\sqrt{30 \cdot 10 \cdot 10 \times 10^3}}{50 \times 10^3} \cong 0.0346 \,[\text{V/m}]$$

$$E = 4S|E_0| \sin\left(\frac{2\pi h_1 h_M}{\lambda d_1}\right) \sin\left(\frac{2\pi h_M h_2}{\lambda d_2}\right)$$

$$= 4 \times 0.2 \times 0.0346 \times \sin\left(\frac{2\pi \cdot 100 \cdot 200}{0.6 \cdot 50 \times 10^3}\right) \sin\left(\frac{2\pi \cdot 200 \cdot 20}{0.6 \cdot 10 \times 10^3}\right)$$

$$\cong 0.0208 \,[\text{V/m}] = 20.8 \,[\text{mV/m}]$$

■7.2.3 フレネルゾーン

受信電界強度は，送受信点間の直接波，反射波や回折波の合成で求められる．この合成された受信電界強度は，各々の経路によって生じる位相差で大きく変動する．図 7.10 に示すように送信点 T，受信点 R の途中に障害物が点 Q にあるモデルを考える．直接波の経路である線 TR に，点 Q から下した垂線との交点を P とする．このとき，経路 TQR の距離は，次のようになる．

$$\overline{\text{TQ}} + \overline{\text{QR}} = \sqrt{d_1^2 + r_1^2} + \sqrt{d_2^2 + r_1^2} \cong d_1 + d_2 + \frac{r_1^2}{2}\left(\frac{1}{d_1} + \frac{1}{d_2}\right) \quad (7.10)$$

式 (7.10) は直接波 ($d_1 + d_2$) と障害物との経路差の和で示されているので，この経路差が半波長の m 倍をひとまとまりとして受信電界強度の特性が変わる．

$$\frac{r_m^2}{2}\left(\frac{1}{d_1} + \frac{1}{d_2}\right) = m\frac{\lambda}{2} \quad (7.11)$$

$$\therefore r_m = \sqrt{m\lambda \frac{d_1 d_2}{d_1 + d_2}} \quad (7.12)$$

このような r_m は，TR を軸に回転させても成り立つので，図に示す回転楕円面で囲まれた領域を**フレネルゾーン**（Fresnel zone）という．$m = 1$ となる直接波より半波長だけ長い経路で形成される領域を，第 1 フレネルゾーン，その外側の $m = 2$ となる 1 波長長い領域を第 2 フレネルゾーンという．

第 1 フレネルゾーン内は，経路差が半波長以内，位相差が π 以内なので，受信電界強度は強め合う．また，第 2 フレネルゾーンは，位相が反転するので，第 1 フレネルゾーンの到来波を打ち消すようになる．そのため，安定した伝搬路を確保したければ，第 1 フレネルゾーン内に障害物が存在しないように，送受信点を決定する必要がある．

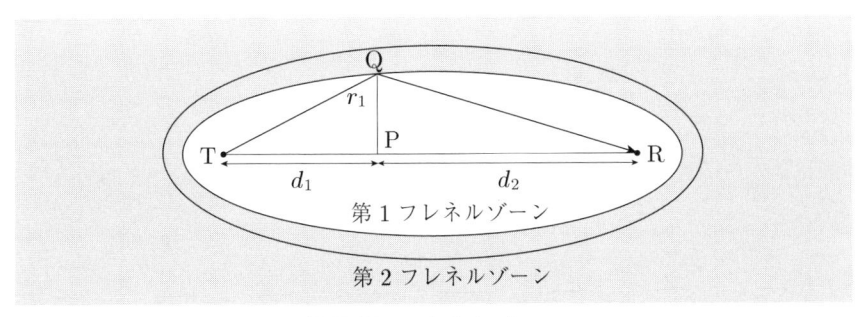

図 7.10 フレネルゾーン

7.3 対流圏伝搬

■ 7.3.1 大気による屈折

大気中での電波伝搬は，直線的に伝わるとみなせる．そのため，対流圏伝搬の伝搬路は**幾何光学理論**（geometrical optics）によって求めることができる．実際の大気の屈折率 n は，気象条件によって複雑に変化しているが，気圧 p [hPa]，絶対温度 T [K]，水蒸気の分圧 e [hPa] によって次のように表される．

$$n = 1 + 77.6 \left(\frac{p}{T} + 4810 \frac{e}{T^2} \right) \times 10^{-6} \tag{7.13}$$

式 (7.13) で求まる屈折率はほぼ 1 となるが，真空中の屈折率 1 との差を明確に表す指標として**屈折指数**（refractivity）N を用い，単位を N unit [NU] で表す．

$$N = (n-1) \times 10^6 \tag{7.14}$$

屈折率は高度 h [km] に依存する．中緯度地方の標準大気の屈折率分布は次式となる．

$$\left. \begin{array}{l} n(h) = 1 + 289 \times 10^{-6} e^{-0.136h} \\ N(h) = 289 e^{-0.136h} \end{array} \right\} \tag{7.15}$$

このように，対流圏内の屈折率は，高度が高くなるに従い減少する．

図 7.11 に示すように，地球を取り巻く大気を屈折率毎に層状に分けて考える．

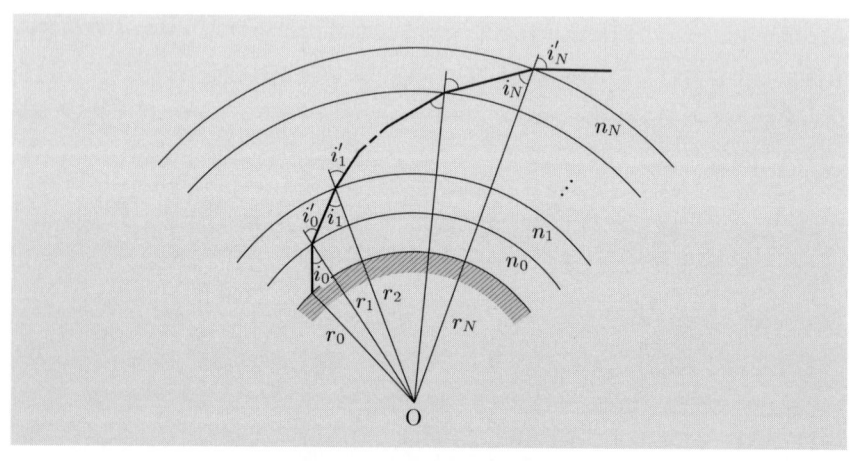

図 7.11 球面層状伝搬路

7.3 対流圏伝搬

各層の屈折率は一定であるため，各境界面ではスネルの法則に従い，次のような関係式で屈折が起こる．

$$n_k \sin i_k = n_{k+1} \sin i'_k \tag{7.16}$$

また，半径 r_k, r_{k+1} で作られる三角形において正弦定理から，次式の関係が成り立つ．

$$\frac{r_k}{\sin i_{k+1}} = \frac{r_{k+1}}{\sin i'_k} \tag{7.17}$$

式 (7.16), (7.17) より，i'_k を消去すると

$$n_k r_k \sin i_k = n_{k+1} r_{k+1} \sin i_{k+1} = n_0 r_0 \sin i_0 \tag{7.18}$$

となる．

大気の屈折率が半径 r だけの関数とし，地球の半径を a [km]，高度を h [km] とすると，式 (7.18) は，次式のように表される．

$$n_0 a \sin i_0 = n(h)(a+h) \sin i \tag{7.19}$$

ここで n_0 は地表面における屈折率である．$n(h) \cong 1$, $h \ll a$ なので，

$$\left. \begin{array}{l} n_0 \sin i_0 \cong m(h) \sin i \\ m(h) = n(h) + \dfrac{h}{a} \end{array} \right\} \tag{7.20}$$

と近似できる．そのため，球面層状伝搬モデルは，屈折率が $m(h)$ の平面伝搬モデルとして考えることができる．この m を**修正屈折率**（modified refractive index）という．この修正屈折率 m も極めて 1 に近いので，屈折指数 N と同様に次のように定義する．

$$M = (m-1) \times 10^6 \tag{7.21}$$

この M を**修正屈折指数**（refractive modulus）といい，その単位を M unit [MU] で表す．

屈折指数 N と修正屈折指数 M との間には，次の関係となる．

$$M = N + 157h \tag{7.22}$$

式 (7.15) を用いると，標準大気の修正屈折指数 M は次式で表され，図 7.12 のように，低高度では高度に応じて直線上に増大する．

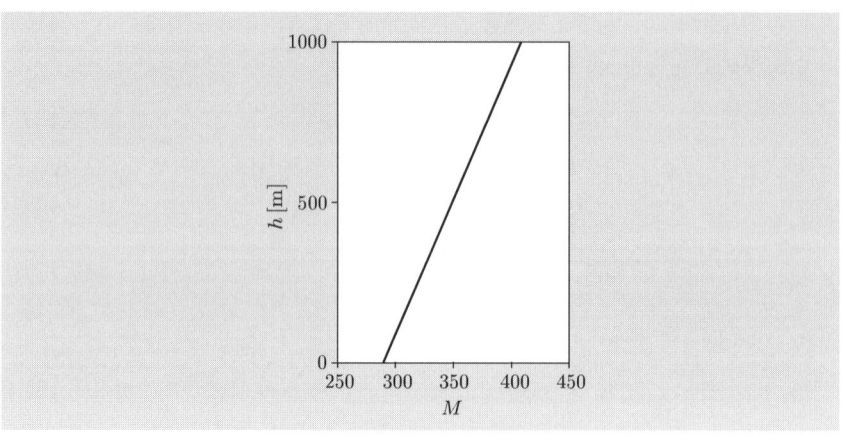

図 7.12　修正屈折指数（標準形 M 曲線）

$$M(h) = \left\{ n(h) - 1 + \frac{h}{a} \right\} \times 10^6 \cong 289 + 0.118h \quad (7.23)$$

このような修正屈折指数 M の高度分布を **M 曲線**（M curve）という．修正屈折指数 M は，通常 200 [MU] から 500 [MU] 程度の値となり，季節，天候によって常に変動する．その M の変動幅は，地表面近くでは数～数 10 [MU] 程度である．

標準大気のように屈折率 n が高度に応じて直線的に変化している場合，次式のように，屈折率が地表での値 n_0 で一定となり，地球の半径が k 倍になったように考えることができる．

$$m(h) = n_0 + \frac{h}{ka} \quad (7.24)$$

この k を等価地球半径係数，ka を等価地球半径と呼び，中緯度地方での標準大気で $k \cong 4/3$，熱帯地方では $k \cong 4/3 \sim 3/2$ となる．図 7.11 のように伝搬路は地表の方向へ曲がる曲線となるが，等価地球半径を用いることにより，伝搬路を直線として考えることができ，伝搬特性が推測しやすくなる．

■7.3.2　ダクト伝搬

大地上の修正屈折率指数 M は，高度が高くなるに従って，直線上に増大することを前節で説明してきた．しかし，修正屈折率指数 M は，高度と共に温度分布が高くなったり湿度が減少したりすると，図 7.13 に示すように高度が高くな

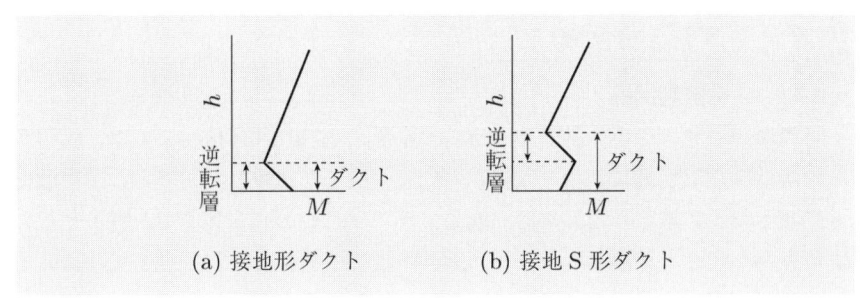

図 7.13　ダクトの分類

(a) 接地形ダクト　　(b) 接地 S 形ダクト

るのに減少する逆転現象を起こすことがある．このような逆転層の部分を**ダクト**（duct）という．

このとき，電波は屈折率の変曲点と地表面との間で反射を繰り返して伝搬するので，極めて遠くまで伝搬可能となる．この現象を**ラジオダクト**（radio duct）といい，また，伝搬形式を**ダクト伝搬**（duct propagation）という．ダクト伝搬は，位相の異なる多数の伝搬波が存在するため，干渉により強い振幅変化が起こる．これを**ダクトフェージング**（duct fading）という．

■ 7.3.3　大気中の減衰

電波伝搬は大気を誘電体として扱うが，マイクロ波帯以上の周波数になると大気中の気体分子による伝搬への影響を考える必要がある．伝搬に影響を与える気体分子は双極子モーメントを持つ．酸素や水蒸気などがその代表的なものである．気体分子には固有の振動周波数がある．この固有振動周波数と伝搬する電波の周波数が一致することによって共鳴現象が起こると，電磁波エネルギーが消費されるため伝搬損失になる．固有振動周波数は，酸素分子では $60\,[\mathrm{GHz}]$ と $120\,[\mathrm{GHz}]$，水蒸気分子では $22\,[\mathrm{GHz}]$ と $180\,[\mathrm{GHz}]$ であるため，これらの周波数で伝搬損失が大きくなる．さらにサブミリ波帯になると，水蒸気のほか，炭酸ガスなどの吸収も無視できなくなる．

また，雨，雪，みぞれ，霧などの雨滴によっても散乱が起こり，減衰が生じる．波長に比べて十分に小さな雨滴による散乱は，**レイリー散乱**（Rayleigh scattering）と呼ばれる．レイリー散乱は，周波数の 4 乗，雨滴の体積の 2 乗に比例する．雨滴は，落下による空気抵抗の影響により水平方向に偏平な形となるため，偏波によって減衰量が異なる．

7.4 電離圏伝搬

■7.4.1 電離層伝搬

対流圏のさらに上空,地表から 50 [km] から 1000 [km] 程度までは,太陽からの紫外線や放射線により,大気中の分子や原子が電離しており,この領域を電離圏という.電離した大気は,低温プラズマといわれる状態で,電子と正の電荷を持つイオンが混じり合っており,衝突して再結合を繰り返している.このプラズマ化した大気の屈折率 n は,次のような電子密度 N_e [個/m^3] と周波数 f [Hz] の関数となる.

$$n = \sqrt{1 - \frac{81 N_e}{f^2}} \quad (7.25)$$

プラズマの電子密度 N_e が増加すると屈折率 n は減少し,電子密度 N_e がある値以上になると屈折率 n は虚数となる.屈折率 $n = 0$ となる最大電子密度 $N_{\max}$ と**臨界周波数** (critical frequency) f_c は以下の関係となる.

$$f_c = 9\sqrt{N_{\max}} \quad (7.26)$$

屈折率 n が虚数になると,電磁波は伝搬できない.そのため,地表から電離圏に垂直に伝搬した臨界周波数 f_c 以下の電磁波はそこで反射されてしまい,宇宙に伝搬しない.電離圏の中で電子密度が高く層状になっている部分を**電離層** (ionospheric layer) という.図 7.14 に電離層の分類を示す.高度に応じて,D 層,E 層,F 層に分けられており,太陽活動や季節,時間によって変化する.昼間はすべての層が存在し,F 層は F1 層,F2 層に分かれている.夜間は,F 層は一体化し,D 層は消滅,E 層は減少する.夏季になると,電子密度の高い層が地域的に発生することがあり,これを**スポラディック E 層** (sporadic E layer : $\mathrm{E_S}$ 層) という.

D 層は,VLF(超長波)帯,LF(長波)帯の電磁波を反射するため,この周波数帯は地表面との間で反射を繰り返し,地球の裏側まで伝搬することがある.MF(中波)帯では,昼間は D 層で強い減衰を生じるが,夜間は D 層が消滅するので E 層,F 層で反射し,数 1000 [km] の遠距離を伝搬することがある.

HF 帯に対して D 層は比較的弱い減衰のため,E 層,F 層で反射し,極めて遠距離まで伝搬可能である.送受信点の位置が定まり伝搬距離が決まると,電離

7.4 電離圏伝搬

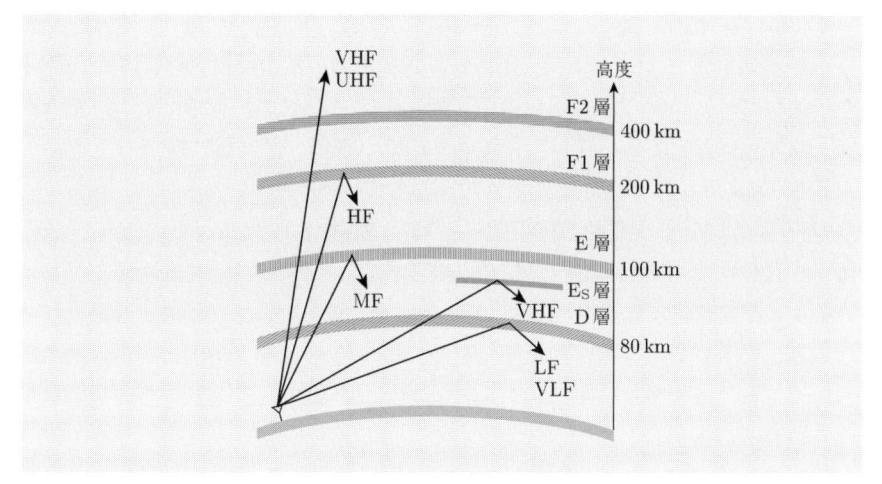

図 7.14 電離層（昼間）

層で反射して伝搬できる周波数が定まる．このときの利用できる最高の周波数を**最高利用周波数**（MUF：maximum usable frequency），また最低の周波数を**最低利用周波数**（LUF：lowest usable frequency）といい，MUF の 85%の周波数を**最適使用周波数**（FOT：frequency of optimum traffic）という．これらの周波数は，時間的に変化し，また，季節，太陽活動などによっても変化する．

VHF 帯以上は，電離層の影響を受けないが，スポラディック E 層が生じた場合，数 10〜数 100 [Hz] の電磁波を反射し，数 100 [km] 以上の伝搬となるためテレビ放送などの混信を招くことがある．

電離層のプラズマ電子密度は昼夜で変化しているが，太陽活動によっても大きな影響を受ける．太陽活動は太陽黒点が多いときに活発となり，太陽表面での爆発を引き起こす．この爆発を**太陽フレア**（flare）という．太陽フレアが発生すると，太陽からの放射線量は急激に増大する．そのため，E 層，D 層の電子密度を異常に増大させ，HF 帯を吸収するようになる．その結果，**デリンジャ現象**（Dellinger phenomenon）という数十分程度の通信障害が発生する．また，太陽フレアから数日程度で**磁気嵐**（magnetic storm）が発生する．磁気嵐は，中低緯度地域の地磁気が減少し，特に高緯度地域では激しい磁界変動を生じる．そのため，極地域でのオーロラの発生を伴うことが多く，高緯度地域では，HF 帯の通信障害だけではなく，誘導電流で送電網に影響を与えることもある．

■ **7.4.2 宇宙通信**

遠距離通信として，VLF帯，LF帯，さらにHF帯が使用されてきた．海外への通信には，これら無線通信の他に同軸ケーブルや光ケーブルを用いた**海底ケーブル**（submarine cable）も利用されているが，大気圏外に打ち上げられた**衛星**（satellite）を介した通信も用いられている．

静止衛星は，赤道上空約36,000 [km] の**静止軌道**（GEO：geostationary earth orbit）上を地球の自転角速度と同じ角速度で飛行しており，その速度は約3 [km/s] である．静止軌道上に120°ごとに静止衛星を3機配置すると，全地球をカバーする通信網が構築できる．静止衛星を介しての通信時間は，約240 [ms] かかるため，さらに**低軌道**（LEO：low earth orbit）の周回軌道を用いた衛星通信が注目されている．

図7.15に示すように，HF帯以下の電磁波は電離層の影響を受けるため，大気圏外との通信には利用できない．また，10 [GHz] 以上では，大気中の気体分子による減衰が大きく利用できない．さらに1 [GHz] 以下は，宇宙から来る宇宙雑音，都市のあらゆる機器から発生する都市雑音などが存在する．従って，1 [GHz] から10 [GHz] までが，衛星などと通信を行うのに有効な周波数となり，これを**電波の窓**（radio window）と呼ぶ．Sバンドと呼ばれる周波数帯は，地上から衛星（アップリンク：uplink）には2.6 [GHz] 帯，衛星から地上（ダウンリンク：downlink）には2.5 [GHz] 帯をそれぞれ使用しており，Cバンドと呼ばれる周波数帯では，6/4 [GHz] 帯の周波数帯（アップリンク/ダウンリンクの周波数帯）がよく利用されている．地上通信などの発達により周波数利用状況の逼迫から，衛星放送（BS：broadcasting satellite）をはじめ10 [GHz] 以上の周波数の利用も進んできている．

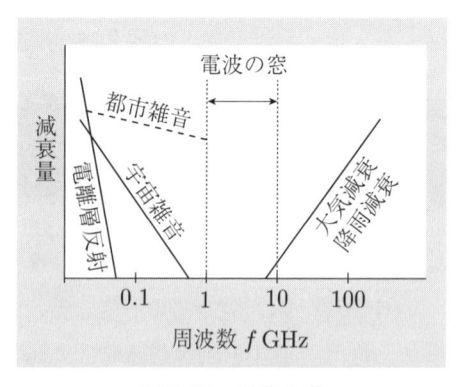

図7.15 電波の窓

7.5 フェージング

■7.5.1 フェージングの種類

電波伝搬において，送受信点間の大気の状況により反射や干渉，吸収損失が起こることを前節までに説明してきた．直接波と反射波，回折波のそれぞれの伝搬路の違いにより，受信電界強度が変動する．これを**フェージング**（fading）という．フェージングには，その原因によりいくつかに分類することができる．

大気の屈折率が時間的に不規則に変化することがあり，これを「揺らぎ」という．この揺らぎが原因で電磁波が散乱，干渉し，数秒程度の周期で受信電界強度が変動する現象を**シンチレーションフェージング**（scintillation fading）という．このフェージングは変動幅が大きくないので，通信に与える影響は小さい．

標準大気では，等価地球半径係数を $k = 4/3$ と考えるが，気象条件によって大気の屈折率分布が変化するため，伝搬路が変わってしまう．その結果，見通し内では直接波と大地反射波の干渉が変動し，見通し外では回折波が変動する．これを ***k*形フェージング**（k-type fading）という．このフェージングの周期は，数十分にもなるため通信への影響は大きい．これらは，主に干渉によって起こるため，**干渉性フェージング**（interference fading）になる．ただし，見通し外での山岳回折によって生じる k 形フェージングは，**回折フェージング**（diffraction fading）に分類される．

7.3.2項でふれたダクトフェージングは，一般的に不安定なダクト状態が時々刻々と変化するために生じる．ダクト状態になっているときに通信することが可能となっているため，このフェージングは通信に与える影響は多大である．ダクトフェージングは，短周期で起こる干渉性フェージングと，長周期の減衰を受ける減衰性フェージングがある．

マイクロ波帯以上の周波数では，伝送路における雨，雪，霧などの吸収や散乱によって長周期の電界変動が生じる．これを**吸収フェージング**（absorption fading）という．

電離層伝搬では，地球磁界の影響のため電磁波の偏波面が刻々と回転する**偏波フェージング**（polarization fading）が生じる．また，電離層の状態により，電磁波が電離層から反射したり，突き抜けてしまったりするために生じる**跳躍フェージング**（skip fading）がある．

伝送路の状態は，周波数によって異なる変動を見せる．特に電離層は時間的変動が大きいため，それに起因するフェージングは，時間と共に周波数帯や減衰量が変動する．このように周波数に依存するフェージングを**選択性フェージング**（selective fading）といい，逆に帯域全体に対して一様に変動するものを**同期性フェージング**（synchronous fading）という．

携帯電話に代表される移動通信では，市街地において建物からの反射波や回折波などが複数存在する**多重波伝搬**（multi-path propagation）になる．多重波伝搬路では，場所および時間により干渉の仕方が異なるため**マルチパスフェージング**（multipass fading）が生じ，その変動幅は 20 [dB] 以上にもなる．一般に，直接波が受信できる見通しない外通信では**レイリーフェージング**（Rayleigh fading），見通し内通信では**仲上–ライスフェージング**（Nakagami-Rice fading）でモデル化される．見通し外通信では，到来する多重波はそれぞれ無相関で同程度の強度で到来すると考えられる．そのため合成波の強度はガウス分布に従い，位相は $0 \sim 2\pi$ の一様な分布に従う．このようなレイリーフェージングでの電界強度分布をレイリー分布という．レイリー分布の確率密度関数は，合成電界強度を E，平均受信電力を σ^2 とすると

$$p(E) = \frac{E}{\sigma^2} e^{-\frac{E^2}{2\sigma^2}} \tag{7.27}$$

となる．また，累積分布は次式となる．

$$P(E) = 1 - e^{-\frac{E^2}{2\sigma^2}} \tag{7.28}$$

■7.5.2 ダイバーシチ受信

マルチパスフェージング環境下で安定して通信を行う方法として，**ダイバーシチ受信**（diversity reception）がある．ダイバーシチ受信は，複数の受信系で受信することにより，安定した受信ができる技術である．

複数の受信アンテナを位置を変えて設置すると，伝搬路が違うためそれぞれの受信アンテナでは受信電界強度が異なる．従って，これらのうち電界強度が最も強い受信アンテナに切り替える，または合成して使用することにより通信品質が改善される．例えば定在波が生じている環境では，受信電界強度は半波長の周期で変動している．定在波の腹と節の間隔は1/4波長なので，2つの受信アンテナを1/4波長離して設置することにより，どちらかの受信アンテナは

必ず受信できる．このようにアンテナの設置位置を変えるものを**空間ダイバーシチ**（space diversity）という．

ダイバーシチは，伝搬路が異なれば成り立つので，空間ダイバーシチ以外にも，異なる周波数を用いる**周波数ダイバーシチ**（frequency diversity），異なる偏波を用いる**偏波ダイバーシチ**（polarization diversity），指向性アンテナを異なるビーム方向角に設置して用いる**指向性ダイバーシチ**（角度ダイバーシチ）（pattern diversity）などがある．

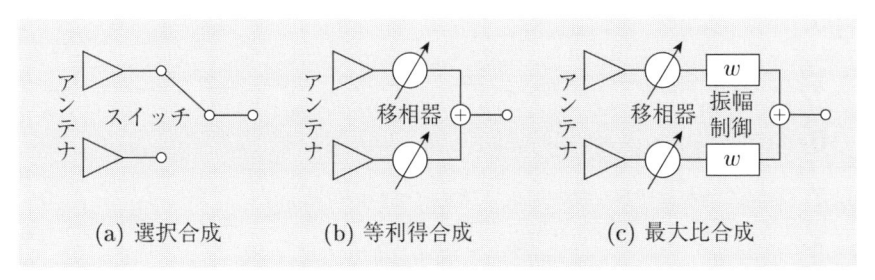

図 7.16　ダイバーシチ合成法

(a) 選択合成　(b) 等利得合成　(c) 最大比合成

図 7.16 に示すように，ダイバーシチの合成方法としては主に次の 3 つがある．先に記した受信アンテナの出力が最大のものに切り替えるものを**選択合成**（selection combining）という．選択合成では選択されなかった受信アンテナの出力が無駄になるので，それらも利用するため位相を揃えて加算する**等利得合成**（equal-gain combining），さらに振幅も含めて合成することにより SN 比（信号対雑音比：signal-noise ratio）を改善する**最大比合成**（maximal-ratio combining）がある．

7章の問題

☐ **1** 周波数 200 [MHz]，アンテナ利得 20 [dB]，アンテナ高 100 [m] のアンテナから，送信電力 1 [kW] 放射されている．平面大地として，送信アンテナから 20 [km] 離れ高さ 10 [m] の位置での受信電界を求めよ．

☐ **2** ハイトパターンとは何か説明せよ．

☐ **3** フレネルゾーンについて説明せよ．

☐ **4** 等価地球半径とは何か説明せよ．

☐ **5** ダクト伝搬について説明せよ．

☐ **6** MUF, LUF について説明せよ．

☐ **7** 太陽活動が電離層伝搬に与える影響について説明せよ．

☐ **8** フェージングについて，分類して説明せよ．

☐ **9** ダイバーシチ受信について説明せよ．

第8章

電波応用

　これまで，電磁波の基本的性質や，アンテナの基礎，伝搬特性について学んできた．実際に電磁波を利用したシステムは，通信や放送をはじめとした様々な分野で実用化されている．本章では，放送や携帯電話，RFID など電磁波を利用したシステムについて説明を行う．

8.1	無線通信回線
8.2	放送
8.3	移動体通信
8.4	測位システム
8.5	ITS
8.6	RFID
8.7	医療応用
8.8	電磁波加熱

8.1 無線通信回線

■8.1.1 電波の有効利用

　無線通信は，有線通信のように限られた伝送路ではなく，区切りのない空間を伝搬するが，限りがある資源である．同一の周波数帯を使用すると，干渉や混信を起こし，正常に通信ができなくなるからである．そのため，**国際電気通信連合**（ITU：International Telecommunication Union）では，複数の国に関係する衛星通信などの電波の周波数の割当てや，異なる方式による相互干渉を防ぐための基準の制定を行っている．国内では，総務省が電波周波数の割当てを決めている．

　電波は，電波法をはじめとする諸々の規定により，周波数やその帯域，偏波，出力や変調方式など細かく定められている．また，割り当てられた周波数以外に放射される高調波などを**スプリアス**（spurious）といい，電波障害などの原因になるため，これも規制されている．

　昨今では技術の発展が目覚ましく，デバイスの微細加工技術により，ミリ波など高周波化，素子の低消費電力化，低雑音化によるSN比の向上，さらにそれに伴い低出力での通信が可能になっている．また，バンドパスフィルタなどの性能向上による周波数効率の向上がある．

　信号を電波に乗せて伝送するためには**変調**（modulation）と呼ばれる操作をする必要がある．基本となる電波を**搬送波**（carrier wave）といい，それに変調した信号を重ね合わせて，**変調波**（modulated wave）にして伝送する．変調方式も様々なものが考案され，周波数の有効利用や高伝送容量に貢献している．アナログ信号の**振幅変調**（AM：amplitude modulation），**周波数変調**（FM：frequency modulation）から**位相変調**（PM：phase modulation），**パルス符号変調**（PCM：pulse code modulation）と高品質化された．次に，デジタル変調になり伝送容量の増大に伴い**BPSK**（binary phase shift keying），**QPSK**（quadrature phase shift keying）の位相偏移変調を用いた多値化技術が導入された．さらに，互いに直交している複数の搬送波に信号を乗せる**直交周波数分割多重方式**（**OFDM**：orthogonal frequency division multiplex）という，干渉に強い変調方式が使われている．

8.1 無線通信回線

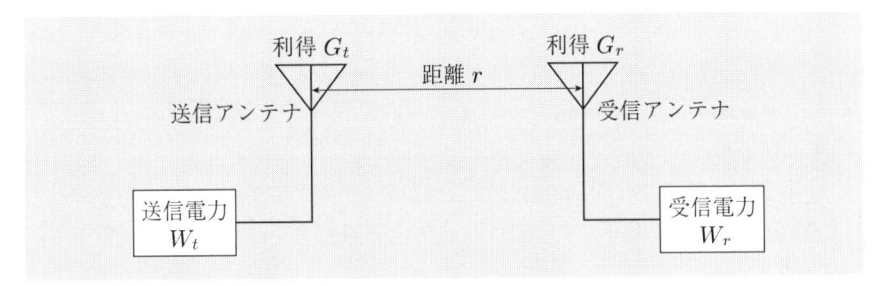

図 8.1 無線通信回線

■8.1.2 回線設計

通信における伝送路を**通信回線**（communication line）という．無線通信では通信回線は，**送信機**（transceiver），**自由空間**（free space），**受信機**（receiver）の順で構成される．送信機から受信機へ信号を伝送することができるか，送信出力などを見積ることを**回線設計**（line design, link budget）という．図 8.1 に示したように，送受信機間の距離が r，送信機の送信電力を W_t，アンテナ利得を G_t とし，受信機の受信電力を W_r，アンテナ利得を G_r とすると，受信点での受信電力密度 P_r は，次式となる．

$$P_r = \frac{W_t G_t}{4\pi r^2} \tag{8.1}$$

受信アンテナでの最大電力 W_r は，次の**フリスの伝達公式**（Friis transmission equation）で与えられる．

$$W_r = \left(\frac{\lambda}{4\pi r}\right)^2 W_t G_t G_r \tag{8.2}$$

ここで，$W_t G_t$ を**実効放射電力**（EIRP：equivalent（または effective）isotropic radiated power）という．送受信電力の比は**自由空間伝搬損**（transmission loss in free space）L_f といわれ，次のようになる．

$$\frac{1}{L_f} = \frac{W_r}{W_t} = \left(\frac{\lambda}{4\pi r}\right)^2 G_t G_r \tag{8.3}$$

送受信アンテナとして等方性アンテナを考えると次式となり，L_{bf} は**自由空間基本伝送損**（basic transmission loss in free space）と呼ばれる．

$$\frac{1}{L_{bf}} = \left(\frac{\lambda}{4\pi r}\right)^2 \tag{8.4}$$

実際には，送受信機やアンテナ，空間伝送路において，熱雑音，波形歪や干渉，大気の吸収，フェージングなどが生じる．これらの程度は周波数や変調方式によっても異なるため，伝搬特性も考慮した回線設計が必要となる．

■ 例題 8.1

周波数 1 [GHz] において，送信および受信アンテナに半波長ダイポールアンテナを用いた場合，送信電力を 2.5 [W]，送受信間距離を 2 [m] とすると，受信電力を求めよ．

【解答】半波長ダイポールアンテナの利得は，$G_t = G_r = 1.64$．式 (8.2) より，受信電力は

$$W_r = \left(\frac{\lambda}{4\pi r}\right)^2 W_t G_t G_r = \left(\frac{0.3}{4\pi \cdot 2}\right)^2 1 \cdot 1.64^2$$
$$\cong 0.001 \,[\text{W}] = 1 \,[\text{mW}]$$

となる．

TV

- 現在の TV は電子式走査で上から水平に順次描画しているが，穴の開いたニプコー円板（Nipkov disk）を用い螺旋状に描画する機械式走査というものがあった．1920 年代では機械式の方が主流だったが，解像度が低い，回転の騒音がひどいなど問題があり，後発の電子式に取って代わられた．
- 白黒放送で始まった TV だが，カラー化にあたり白黒放送との互換性をもたせるなど工夫が必要となった．アナログカラー TV では，走査線数，フレーム数，カラー信号が異なる 3 つの伝送方式（NTSC, PAL, SECAM）が存在した．デジタル放送も国によって方式（8.2.2 項参照）が異なるが，インターネット TV だと方式の差がないので，TV の国境はなくなるかもしれない．
- 地デジでは時報の放送がされなくなった．これは，放送波から復号する時間が装置によって異なること，中継回線のデジタル化や同一周波数中継（SFN：single frequency network）により，伝送に遅延が生じることが原因である．

8.2 放　　送

電波を利用したシステムとして，最もよく知られているものは**放送**（broadcasting）である．放送は，放送局から受信機を持つものへ1対多の一方向の通信である．放送にはインターネット回線を利用したものもあるが，一般的なものは電波を利用したものである．音声だけを送信する**ラジオ**（radio）と，音声と画像を送信する**テレビジョン**（TV：television）がある．

■8.2.1 ラ ジ オ

ラジオの放送局が正式に開局されたのは，1920年11月2日にウェスティングハウス社による，アメリカペンシルバニア州のKDKA局が初めてである．日本では，1925年3月22日に東京芝浦の東京高等工芸学校（千葉大学工学部の前身）にて，社団法人東京放送局（JOAK：現在のNHK東京放送局）の仮放送を開始し，7月12日に芝の愛宕山（現在の放送博物館）から本放送が開始されたのが始まりである．このときは，周波数800 [kHz] のAM変調であり，現在も中波：MF帯（526.5 [kHz]～1,606.5 [kHz]）を9 [kHz] 間隔で放送局に周波数が割り当て，AM放送が行われている．また，HF帯（3 [MHz]～30 [MHz]）を用いて短波放送がAM変調で行われている．短波放送は，電離層伝搬を利用し見通し外まで伝搬することから，海外向けに放送されている．

高品質な音声を放送するFM放送は，超短波：VHF帯（76 [MHz]～90 [MHz]）におけるFM変調波である．見通し内通信になるため，放送地域が限定されるが，コミュニティFM局や，免許の要らない微弱電波を用いてイベントなどで使用するミニFM局などがある．周波数帯域が200 [kHz] と広いことから多重化されステレオ放送だけではなく，文字多重放送が行われている．また，衛星を用いたマイクロ波帯によるいくつかの音声放送サービスが実施された．

ラジオ放送もデジタル化されることにより，ノイズが少なくなりデータ放送などのサービスが向上する．**放送衛星**（BS：broadcasting satellite），**通信衛星**（CS：communications satellite）を用いたマイクロ波帯での衛星デジタル放送の他にも，地上波においてデジタル音声放送が行われており，特にアメリカでは広く普及している．

8.2.2 テレビジョン

音声だけではなく，画像も伝送できるようにしたものがテレビジョンである．テレビジョンは，「遠く離れた」を意味する "tele" と，「視界」を意味する "vision" の合成語である．画像を伝送する技術は，1910年代から20年代にかけて，機械式走査，電子式走査の研究がなされ，1927年にアメリカのファーンズワース (P. T. Farnsworth) によって開発された電子式撮像管により，実用化の目途がついた．1926年に英国放送協会（BBC）が実験放送を開始し，1940年に日本放送協会（NHK）が実験放送を，1953年に本放送を開始した．カラー化は，1928年にイギリスのベアード (J. L. Baird) により公開実験が行われ，1953年にはアメリカでカラーの規格が定まっている．1954年にはアメリカでカラー放送が開始され，日本では1957年に実験放送，1960年に本放送が開始された．日本で使用していたアナログテレビジョン放送の周波数は，VHF帯（90〜108，170〜222 [MHz]），UHF帯（470〜770 [MHz]）であった．その後，周波数の利用効率を高めることにより，空く周波数を移動通信に利用するため，デジタル化が1998年からイギリスをはじめ各国で開始される．日本では，デジタル化と共に画像を高画素化した**地上デジタル放送**（digital terrestrial television broadcasting）がUHF帯（470〜770 [MHz]）で2003年に開始された．アメリカでは2009年に，日本では2011年にアナログ放送が終了した．アナログ放送時の画面の解像度は，標準テレビジョン放送（SDTV：standard definition television）といい，高画素化したものを高精細度テレビ放送（HDTV：high definition television）という．テレビジョン放送の受信用アンテナには，図8.2に示すような八木・宇田アンテナが一般的に使用されている．

図 8.2　TV受信用八木・宇田アンテナ

8.2 放送

表 8.1 地上デジタル放送の方式

	ATSC	DVB-T	ISDB-T
映像	MPEG-2	MPEG-2 MPEG-4/H.264	MPEG-2
音声	AC-3	MPEG-2 BC, AC-3	MPEG-2 AAC
搬送波	シングルキャリア	OFDM	OFDM
チャンネル帯域幅	6 [MHz]	6/7/8 [MHz]	6 [MHz] (7 [MHz], 8 [MHz])
変調方式	8値 VSB	DQPSK, QPSK, 16QAM, 64QAM	DQPSK, QPSK, 16QAM, 64QAM
伝送レート	19 [Mbps]	31 [Mbps]	23 [Mbps] (27 [Mbps], 31 [Mbps])
移動通信用規格	ATSC-M/H	DVB-H	ISDB-T$_{1-\text{seg}}$
採用地域	北米, 韓国	ヨーロッパ, インド 東南アジア オーストラリア	日本, 南米

地上デジタル放送の伝送方式は，表 8.1 に示すように主なものとして 3 つある．国により規格，呼称は若干異なるが，北米，韓国では ATSC（Advanced Television Systems Committee），ヨーロッパでは，DVB-T（Digital Video Broadcasting–Terrestrial），日本や南米では ISDB-T（Integrated Services Digital Broadcasting–Terrestrial）となる．どの方式も画像圧縮には MPEG-2 などデジタル化されている．信号を送る搬送波は，ATSC がシングルキャリアのため，都市部や移動通信時にマルチパスによる干渉の影響を受けやすいが，DVB-T，ISDB-T はマルチキャリアの OFDM 技術を用いているため干渉に強い．また，放送の親局，中継局からも同一の周波数で放送できる SFN（single frequency network：単一周波数ネットワーク）が実現できる．

移動通信におけるフェージング対策も考慮したサブセットの規格を持っており，日本では携帯端末用に周波数帯の 1 セグメントを使用するワンセグがある．

離島や山間部などの難視聴対策として衛星を使用した TV 放送，**衛星放送**（DBS：direct broadcasting by satellite）が実用化されている．衛星放送は，1984 年に NHK が世界初の試験放送を開始し，1989 年には本放送に移行した．

その後，アメリカをはじめとして，様々な国に衛星放送が普及している．日本のBS放送が使用している周波数は，SHF帯（11.7〜12.1 [GHz]）でチャンネル帯域幅は27 [MHz] である．偏波は近隣の国との混信を防ぐため，右旋円偏波を使用している（同一周波数で左旋円偏波は韓国に割り当てられている）．衛星放送を受信するには，図8.3に示すようなパラボラアンテナが広く使われている．サービス当初は，60 [cm] 程度のパラボラアンテナが必要であったが，衛星に搭載されている中継器の出力の増加や受信アンテナの性能向上により，30 [cm] 程度でも受信できるようになっている．ただし，激しい雨や雪が降った際に伝搬損失が増大し，受信障害が発生することがある．衛星放送は地上波放送に比べ周波数帯域が広いことから，当初からCD並の高音質放送が行われていたが，1991年には画像を高画素化したハイビジョン放送（HDTV）が開始された．また，通信衛星（CS）を使用したサービスも開始され，チャンネル数が増えた．2000年には，デジタル化されたBSデジタル放送が開始され，その後，地上波と同様に完全デジタル化，HDTV化された．地上波と異なり，中継設備なしでも日本全体をサービスエリアにすることができる点，建物などによるマルチパスなどの影響を受けない点が，衛星放送のメリットとなる．2011年の東日本大震災時には放送局が被災したため，BSを使用して地上波デジタル放送を流すなど，災害に対しても強いことが証明された．

図8.3 衛星放送受信オフセットパラボラアンテナ

8.3 移動体通信

■ 8.3.1 業務用移動体通信

　移動体には，航空機，船舶，列車，自動車などがある．これら移動体と通信するためには，必然的に無線を使うことになる．航空機や船舶では，自分や他の移動体の位置，気象情報など安全に運航するには必要不可欠な情報が沢山存在する．陸上を運行する鉄道においても同様である．業務用移動体通信では，低伝送速度でも確実な通信回線の確保が必要不可欠となる．そのため，VLF 帯〜HF 帯が使用されてきた．現在は，VHF 帯，UHF 帯が**航空管制**（air traffic control）に使用されているが，これらの電波が届かない洋上管制では HF 帯が使用されている．船舶では，1979 年に国際海事衛星機構（**INMARSAT**：International Maritime Satellite Organization）が組織され，静止衛星を利用した音声およびデータ通信が行われている（現在は民間企業が業務を行っている）．また，船舶の遭難時に発信する遭難信号は，1999 年に衛星などを利用した世界海洋遭難安全システム（**GMDSS**：global maritime distress and safety system）に完全に置き換わったため，それまでの**モールス信号**（Morse code）は使用されなくなった．図 8.4 に船舶の通信室を示す．卓上手前にはモールス信号を打つ，**電鍵**（telegraph key）が見られる．

　鉄道においては，1872 年に新橋–横浜間に初めて鉄道が開業したときには，有線のモールス信号が運行管理用に設置されていた．地上と列車との間の**列車無線**（train radio）は，線路沿いに敷設された**漏洩同軸ケーブル**

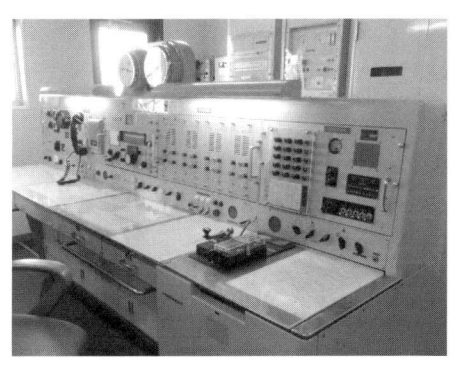

図 8.4　船舶の通信室

（leaky coaxial cable）を用いて 150 [MHz]，300〜400 [MHz] で行われている．図 8.5 に示す列車屋根に装備されている円筒状のものは，400 [MHz] 帯のモノポールアンテナである．時速 250 [km/h] を超える新幹線との通信においても，ほぼ

図 8.5 列車用モノポールアンテナ

100%の区間で通信を可能としている．列車内の動画広告など乗客向けの情報サービスなどには，ミリ波帯を用いた伝送サービスが実用化されている．

陸上の移動体通信では，**無線呼び出し**（pager）という，データをユーザに送るだけの片方向のサービスがある．1958 年にアメリカでサービスが開始され，電話番号を呼び出すだけのサービスから，メッセージを送信できるようになり，双方向化までなされている．周波数は 250 [MHz] 帯を使用する国が多い．日本では，ポケットベルといわれ，1968 年にサービスが開始されたが，携帯電話の普及に伴い 2007 年にほとんどのサービスを終了している．

MCA 無線（multi-channel access radio system）は，タクシーや物流業者など事業者向けのサービスである．1 対 1 の他，一斉呼び出しができる．日本では，850 [MHz] 帯が使用されており，当初のアナログ方式からデジタル方式に移行している．1995 年の阪神・淡路大震災のときに通信が確保できたことから，地方公共団体や企業などでも採用されている．

■ **8.3.2 携帯電話**

携帯電話（mobile phone）の前身は，**自動車電話**（car telephone）である．自動車電話は，1946 年にアメリカで Southwestern Bell Corporation により開発された．使用周波数は 150 [MHz] 帯で半径 20〜30 [km] を 1 つの基地局でサービスしており，切断することなしに基地局を切り替える機能，ハンドオーバ（hand over）はまだ実現されていなかった．また，同時通話はできないシステムであった．1979 年に本格的な自動車電話として日本の電信電話公社（現 NTT）が世界初のサービスを開始した．周波数は 800 [MHz] 帯を用い，1 つの基地局で半径数 km をカバーし，ハンドオーバにも対応していた．1985 年

に，バッテリー内蔵で電話単独で使用可能とした重さ3[kg]の可搬型のショルダーホンが登場し，その後，小型化されていく．伝送方式も第1世代は，アナログのFDD-FDMA（frequency division duplex：周波数分割複信，frequency division multiple access：周波数分割多元接続）を用いたFM変調であった．デジタル化された第2世代は，日本ではPDC（personal digital cellular）方式といわれるFDD-TDMA（time division multiple access：時分割多元接続）を用いたπ/4DQPSKデジタル変調，ヨーロッパを中心とした地域ではGSM（Global System for Mobile Communications）となる．世界共通規格を目指した第3世代（IMT-2000：International Mobile Telecommunication 2000）は，**CDMA**（code division multiple access：符号分割多元接続）を用い，さらにOFDM方式を採用したLTE（Long Term Evolution），LTE-Advanced（第4世代）へと移行している．このように，方式が変わるごとに伝送速度を高速化し，音声サービス以外にも，メールをはじめとする動画配信などのデータ通信を行うようになった．ここで，FDDとは，送信と受信に別々の周波数を割り当てて全二重通信を可能とする技術である．図8.6に分割方式を示す．FDMAは，周波数を複数に分割して各々にユーザを割当てて使用し，TDMAは，同一周波数帯を時間毎にユーザに割当てて使用する．CDMAは，同一の周波数帯にて，**スペクトラム拡散方式**（SS：spread spectrum）の**拡散符号**（spread-spectrum code）によってユーザごとに通信を確立する方法である．このように周波数の利用効率を向上させることで，利用できるユーザ数を増やすと共に，マルチパスの影響などを受け難い技術を取り入れている．

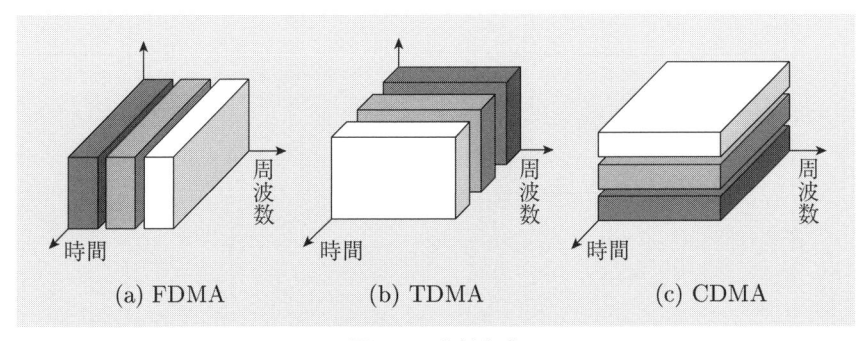

図8.6　分割方式

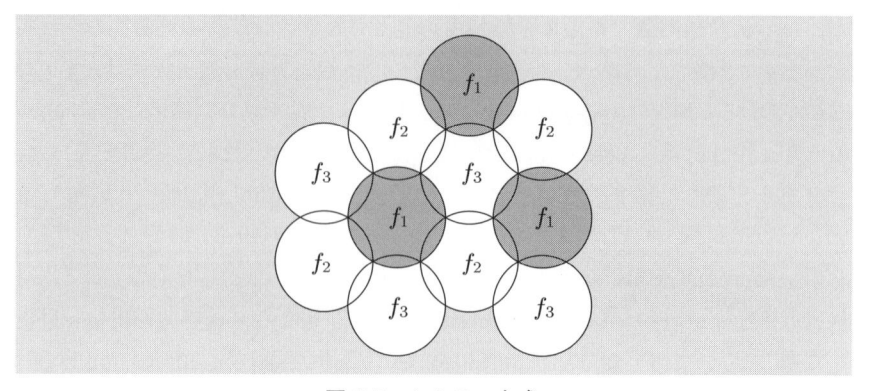

図 8.7 セルラー方式

　携帯電話で使用する周波数は，建物などの影にも電波の回り込みが期待でき，伝搬特性が良い 800 [MHz] 帯を中心に，2 [GHz] 帯など複数の周波数を使用している．1つの基地局からサービスできる範囲をゾーン（zone）という．ゾーン内のサービス数は限りがあるため，利用者の増加に伴い大ゾーンから基地局から半径 3 [km] 程度の小ゾーンへと，1つの基地局でのサービス範囲を小さくし基地局数を増加させて対応している．図 8.7 に示すように，この小ゾーンを細胞に見立てて**セル**（cell）といい，このような基地局配置を**セルラー方式**（cellular communication system）という．1つのセルに対して，近接するセルが六角形になるように配置すると，最低3つの周波数で干渉することなく配置でき周波数の利用効率が一番高くなる．移動局がセル内にあると，その基地局に位置情報が登録され利用できるようになる．セルが重なっている所では，移動局の電波の強度により基地局が切り替えられるハンドオーバが行われる．都市部での利用者数増加に対応するため，図 8.8 に示すように1つのセルを3つに分けるなどの**セクター**（sector）方式や，伝送品質を上げるために数百 m 程度のセルで構成する**マイクロセル**（micro cell）化が行われている．図 8.9 には携帯電話の基地局アンテナを示す．セクター化されているので3組の円筒形状のアンテナが設置されている．これらのアンテナは，直線上アレイアンテナとなっている．
　携帯電話では，建造物などからの反射などのマルチパスが原因となってフェージングが生じる．特に都市部ではその影響が顕著となり，数十 dB も変動する．

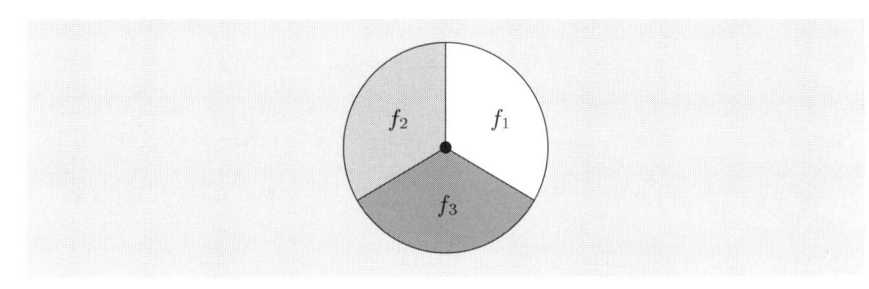

図 8.8 セクター方式

図 8.9 携帯電話用基地局

これを軽減する方法としてダイバーシチ受信を採用している．さらに LTE では伝送速度が高速化されておりフェージングの影響が増大するので，複数の搬送波を使用する OFDM 方式が採用されている．また，高速で移動すると**ドップラーシフト**（Doppler shift）により周波数が変動する．ドップラーシフトは，移動速度を時速 100 [km/h] とすると，周波数 800 [MHz] 帯では約 70 [Hz] となり影響が無視できないことからその対策がとられている．

8.4 測位システム

第二次世界大戦においてエレクトロニクスの導入が進んだが，その最たるものが**レーダ**（radar：radio detection and ranging）と電波航法の**ロラン**（LORAN：long range navigation）である．どちらも機械式回転走査と電子機器の組合せである．

■ 8.4.1 レ ー ダ

レーダは最初電離層の高さを測るために 1925 年からアメリカで実験が開始された．1930 年代には飛行機が電波を反射することが分かり，レーダの研究がイギリスで盛んになった．1935 年に波長 1.5 [m] のレーダが完成し，1938 年にはイギリスの海岸に対空レーダ網が設置された．探知性能を上げるために波長を短くする研究が行われるようになった．1940 年にマサチューセッツ工科大学（MIT：Massachusetts Institute of Technology）に放射研究所（Radiation Laboratory）が設立されてレーダの研究が開始され，UHF 帯のレーダが開発された．レーダ用に使われる発振器や検波器などの開発がアメリカ，ドイツ，日本などで行われた．1927 年東北帝国大学の岡部金治郎によって発表されたマイクロ波を発振するマグネトロン（magnetron）「分割陽極型マグネトロン」がレーダの発展に大きく寄与している．

レーダは，パルス波を発射しそれがターゲットに当たり反射して戻ってくるまでの時間を測定することにより，ターゲットまでの距離を求める．レーダにはパルスを使用するパルスレーダ以外にも，FM 変調波を用いる FM-CW 法などがある．

パルスレーダは，パルスが戻ってくるまで次のパルスを発射しないため，1 つのアンテナで送信と受信を行う．パルスレーダでは，パルスを発射してから戻ってくるまでの時間を t [s] とすると，ターゲットまでの距離 d [m] は以下の式で表される．ここで c は光速である．

$$d = \frac{ct}{2} \quad (8.5)$$

レーダでターゲットを検出するには，戻ってくる反射波の強度が受信機の感度以上である必要がある．送信出力を P_t，送信アンテナの利得を G_t とすると，ターゲットに到達する電力密度は次のようになる．

8.4 測位システム

$$p_0 = \frac{G_t P_t}{4\pi d^2} \tag{8.6}$$

ターゲットは様々な形状をしており，どの程度電波を反射するかは，**レーダ断面積**（RCS：radar cross section）で表す．レーダ断面積は，ターゲットが断面積 σ の完全反射体と等価であることを示している．一般にレーダ断面積は，ターゲットの形状だけではなく，その方向によっても変化する．レーダ断面積は，円板など単純な形状に対しては求まっているが，航空機，船舶などに対しては測定に負うところが大きい．最近では，レーダ断面積を小さくし探知されないようにする**ステルス**（stealth）といわれる技術もある．

反射電力密度は p と σ の積なので，受信アンテナの有効開口面積を A_r とすると，受信電力 P_r は次式となる．

$$P_r = \frac{G_t P_t}{4\pi d^2} \sigma \frac{A_r}{4\pi d^2} \tag{8.7}$$

受信アンテナの利得 G_r と有効開口面積 A_r との関係は，$G_r = 4\pi A_r/\lambda^2$ なので，送信アンテナ，受信アンテナが同一だとすると，

$$P_r = \frac{\sigma \lambda^2 G_t^2}{(4\pi)^3 d^4} P_t \tag{8.8}$$

となる．この式 (8.8) を**レーダ方程式**（radar equation）という．レーダ方程式を変形することにより，ターゲットのレーダ断面積と受信機の感度 S_min が与えられれば，最大の探知距離が求まる．

$$d_\mathrm{max} = \left\{ \frac{\sigma \lambda^2 G_t^2 P_t}{(4\pi)^3 S_\mathrm{min}} \right\}^{\frac{1}{4}} \tag{8.9}$$

角度の検出に関しては，鋭いビームを有するアンテナを用いることにより，アンテナがターゲットの方向を向いたときに，強い反射が戻って来ることからターゲットの方向を特定する．一般的には，ビームの半値角が 2 度程度のアンテナを用いる．しかしながら，船舶の場合は波の影響で上下するため，上下方向に広いビームを持つアンテナを使用する．また，高いサイドローブを有したアンテナを用いると，所望の方向以外からの反射も受信し偽像が発生するため，低サイドローブのアンテナを使用する．

■ 例題 8.2

周波数 9 [GHz]，アンテナ利得 30 [dB]，送信電力 25 [kW] のレーダにおいて，受信機の感度を -80 [dBm]，ターゲットのレーダ断面積を 100 [m^2] とした場合の，最大探知距離を求めよ．

【解答】 最大探知距離は式 (8.9) より，

$$d_{\max} = \left\{ \frac{\sigma \lambda^2 G_t^2 P_t}{(4\pi)^3 S_{\min}} \right\}^{\frac{1}{4}} = \left\{ \frac{100 \cdot 0.033^2 \cdot 1000^2 \cdot 25 \times 10^3}{(4\pi)^3 \cdot 1 \times 10^{-11}} \right\}^{\frac{1}{4}}$$
$$= 1.72 \times 10^4 \text{ [m]} = 17.2 \text{ [km]}$$

となる． ■

航空路監視レーダ（ARSR：air route surveillance radar）では，200 海里（1 海里は 1,852 [km]）以内の監視には周波数 1.3 [GHz] 帯，60 海里以内では 2.8 [GHz] 帯を使用する**空港監視レーダ**（ASR：aiport surveillance radar）を用いる．また，航空機に質問信号を送り，航空機からの応答信号を受信することで．航空機を識別する機能も合わせ持つ**二次監視レーダ**（SSR：secondary surveillance radar）は，1 [GHz] 帯を使用している．さらに，滑走路への誘導を目的とした航空機のコースおよび進入角からのズレや距離などを測定する**精測進入レーダ**（PAR：precision approach radar）は 9 [GHz] 帯を，空港の地表にある航空機や車両を監視する**空港面探知レーダ**（ASDE：airport surface detecting equipment）は 24 [GHz] を使用している．図 8.10 に空港用レーダを示す．右側のレーダは，上が SSR，下が ASR と積み重なっており，一緒に回

図 8.10 航空管制用レーダ
（通信用アンテナ：左，ASR:右下/SSR:右上）

8.4 測位システム

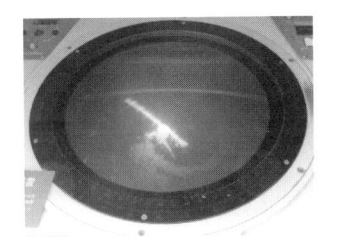

図 8.11 レーダ画面

転するようになっている．

船舶用レーダでは 9 [GHz] 帯のレーダが一般的だが，3 [GHz] 帯を用いることもある．また，港湾用のレーダは，位置精度が高くなるように 13 [GHz] 帯が採用されている．図 8.11 に船舶用のレーダ画面を示す．アンテナの向きに合わせて輝線が回転し，陸地や船舶などが残像として表示される．

この他に，雨や雲の状況を知るための**気象レーダ**（meleorological radar）では，マイクロ波の 2.8 [GHz]，5.3/5.6 [GHz]，9.5 [GHz]，ミリ波の 35/95 [GHz] が使用されている．また，人工衛星や航空機に搭載して，地表の形状や資源探査に用いられる**合成開口レーダ**（SAR：synthetic aperture radar），地中の埋設物や構造物，空洞などを探査する**地中探査レーダ**（GPR：ground penetrating radar）などがある．

■ 8.4.2 電波航法

電波航法（electric navigation）は，陸上の 2 箇所から送信されるビーコン（beacon）を，船や航空機の方向探知機で受信し方位を決め，三角測量の要領で自身の位置を求めるものである．方向探知機を機械式で回転させて自動化したのがロランであり，1942 年には本格的に装備が開始された．その後，受信機の性能が向上し，電波の到達時間差や位相差が測定できるようになったため，機械式回転は用いられなくなった．

現在の電波航法の原理を図 8.12 に示す．電波局 A, B からパルス波が送信される．受信点 P での到達時間差を用いて位置を推定する．時間差が一定となるのは，図中の 2 本の双曲線となりその軌跡上が位置の候補になる．そのため，さらに別の電波局 C からのパルス波を受信することにより，4 本の双曲線から受信点 P の位置を特定することができる．このように位置を特定する方法を**双**

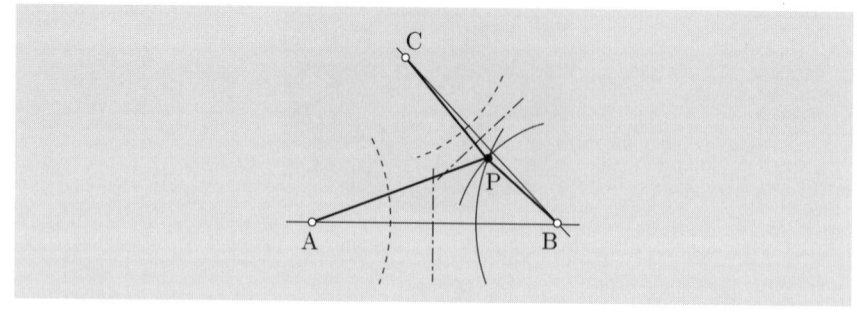

図 8.12 双曲線航法

曲線航法 (hyperbolic navigation) という.

　ロラン A は周波数 1750〜1950 [kHz] を用い, 有効距離は昼間で 700 海里, 夜間で 1,200 海里, その精度は 1〜5 海里であった. 電波局として主局と従局の各 1 箇所を用いた. ロラン A は, ロラン C に置き換わり廃止された. ロラン A に続いて開発されたのは, デッカ (Decca) 航法である. デッカ航法は周波数 70〜130 [kHz] の連続波を用い, その位相差により位置を特定した. 到達距離は昼間で 590 海里, 夜間で 350 海里, その精度は 20〜300 [m] であった. 電波局は主局と従局の各 1 箇所を用いた. デッカ航法は 2001 年に廃止された. また, 到達距離を伸ばす目的でロラン C が開発された. ロラン C は到達時間差と位相差により位置を特定する. 周波数 100 [kHz] を用い, 有効距離は, 昼間で 1,400〜2,300 海里, 夜間で 2,300 海里, その精度は 30〜500 [m] である. 電波局として主局 1 箇所と従局 2〜4 箇所を用いる. 主局は 9 本, 従局は 8 本のパルス信号を用いることにより, 主局と従局を区別できる. さらに到達距離を伸ばすため, 低い周波数を用いたオメガ (omega) 航法が開発された. オメガ航法は, 世界中を覆うように 8 局の電波局を用い, 各電波局から 10.2, 11.05, 11.33, 13.6 [kHz] と各局固有の周波数の 5 種類の電波を送信していた. 断続した連続波の位相差で位置を特定し, その到達距離は 6,000〜8,000 海里で, 精度は 1〜3 海里であったが, 1997 年に廃止された. 周波数が低いため, 海中の潜水艦との通信も可能であった.

　電波航法は, その役目を双曲線航法から次の GPS に移行した.

■ **8.4.3 GPS**

GPS（global positioning system）は，人工衛星から送信される電波を用いた位置測定システムである．ロランなどの地上の電波局を用いた電波航法は，アンテナや受信機が大型になることと，測位精度が十分ではなかった．そこで，1960年代に人工衛星を用いた航法システムの研究が始まり，1973年にはGPSの開発がアメリカ国防総省で承認された．1978年からGPS衛星の打ち上げが開始され，1985年に合計11機のGPS衛星（Block I）が配備された．1989年からBlock II衛星の打ち上げが始まり，1993年に合計24機のGPS衛星が配備された．1993年12月に，アメリカ国防総省が米国運輸省に運用開始宣言を通達し，民間への利用が正式に開始された．

GPS衛星を用いた測位は，衛星と受信機との距離を測定することにより，三角測量の原理で位置を特定する．GPS衛星には，原子時計が搭載されており，その時刻をコード化し送信している．衛星の軌道は決まっているので，その時刻から衛星の位置が正確に計算され，受信機で受信した時刻との時間差から，衛星との距離を推定する．図 8.13 に示すように，緯度，経度，高度の3変数を特定するには，少なくても3つの衛星が必要となる．また，この時間差を正確に測定するには，衛星に搭載されている原子時計と受信機に搭載されている時計が同期している必要がある．しかしながら，受信機に搭載されている時計は，

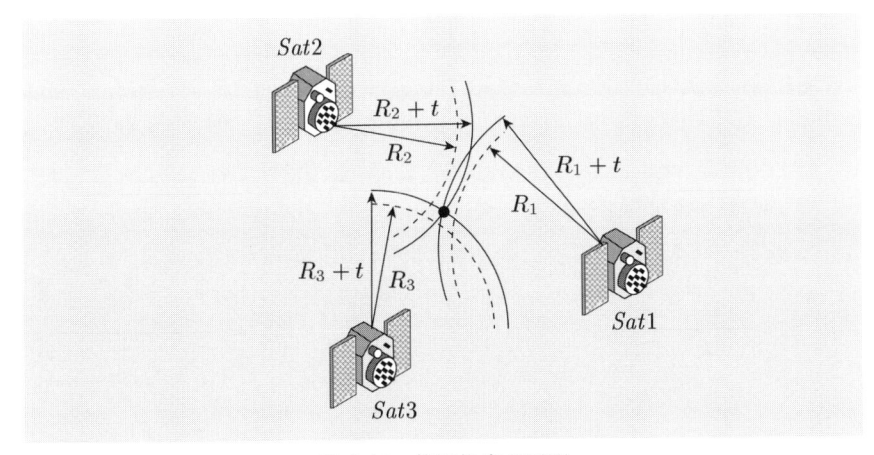

図 8.13 位置推定の原理

原子時計ではなく，安価で小型なクォーツ時計であり，その時刻は衛星の時計と同期していない．誤差のある時間差で位置推定すると，図中の点線のように1点で交差することがなく，場所の特定が不可能となる．そこで，受信機の時間誤差 t を考慮すると実線のように1点で交差し，場所が特定可能となる．このように時間誤差も含めると4変数になるため，GPS 衛星4機から電波を受信できれば，位置の特定および時刻の補正が可能となる．

GPS 衛星は，高度約 20,000 [km] 上空をほぼ半日周期で飛行している．空が見渡せる場所であれば，地球上のどこでも利用することができ，氷原や砂漠など目印がない場所でも自分の位置を特定することができる．それゆえ，受信機は登山用の小型の GPS レシーバやカーナビゲーションをはじめ，携帯電話やデジタルカメラなどにも搭載されている．しかし，洞窟や海底など電波が届かない所では利用できず，構造物が林立している都市部など電波が届き難い場所では精度が落ちる．

人工衛星からは，L1 帯（1.57542 [GHz]），と L2 帯（1.2276 [GHz]）の信号が送信されている．カーナビゲーションや携帯電話には，最初から使用されていた L1 帯の C/A コードが使われている．民生用信号として，2005 年から L2 帯に L2C コードが追加されている．GPS 衛星からは，民生用の他にも，国防用に暗号化されている P コードと M コードが L1 帯，L2 帯それぞれで送信されている．GPS の精度は 10m 程度であるが，誤差信号 SA（selective availability）を加えて故意に精度を落とすことが可能となっている．

GPS 以外のシステムとして，ロシアの GLONASS（global navigation satellite system），ヨーロッパの Galileo，中国の北斗，日本の**準天頂衛星システム**（QZSS：quasi-zenith satellite system）などが運用されている．これらをまとめて**全地球航法衛星システム**（GNSS：global navigation satellite systems）という．複数のシステムを使用することにより，測位精度が向上する．

8.5 ITS

ITS（lintelligent transport systems：**高度交通システム**）は，IT（information technology）を用いて，交通全般の効率化や安全性の向上を目指したシステムである．航空，鉄道，船舶，自動車のすべてを対象としているが，道路を主な対象としている．ITS は，道路の運行管理だけではなく，バスの運行システムや，カーシェアリングなども含めたシステムだが，ここでは，一般の自動車を対象にしたものについて説明する．

カーナビゲーションは，先に説明した GPS を利用した地図情報サービスであり，ITS では他のシステムと連動させてユーザに情報を示す窓口となる．

VICS（vehicle information and communication system：道路交通情報通信システム）は，渋滞情報や所要時間，事故・故障車・工事情報，様々な規制，駐車場情報などを提供するサービスである．これらの情報は，文字情報として表示するものから，カーナビゲーションの地図上に表示するものまである．1980年代後半に実験が開始された．1996 年に首都圏で情報サービスが始まり，その後全国に展開している．VICS には複数のシステムが存在する．主要道路上に設置されている赤外線を使用した光ビーコンは，道路の混雑具合の測定等を行い，前方 30 [km] 程度までの情報提供を行っている．高速道路などに設置されている電波ビーコン（radio beacon）は，2.5 [GHz] 帯と 5.8 [GHz] 帯がある．2.5 [GHz] 帯はビーコンから 70 [m] の範囲が受信ゾーンで，200 [km] 程度先までの高速道路の情報を提供している．5.8 [GHz] 帯は**専用狭域通信**（**DSRC**：dedicated short range communications）を用いており，受信ゾーンは 20 [m] 程度で，前方 1,000 [km] の情報提供を行っている．FM 多重放送は，NHK-FM 放送の放送波に多重化して情報を送信しており，都道府県単位の広域情報を文字多重放送で提供している．

高速道路の料金収受システムとして，**ETC**（electronic toll collection system）がある．ETC は 2000 年から試験運用され，2001 年から一般運用が開始されている．図 8.14 に示すように，料金所に設けられた路側機と車載器との間を無線通信により，車両情報や ETC カードの番号，入出口，料金などの情報がやり取りされている．ゲートを時速 20 [km/h] 以下で通過するように運用上定められているが，システムとしては時速 80 [km/h] でも通過可能なように設

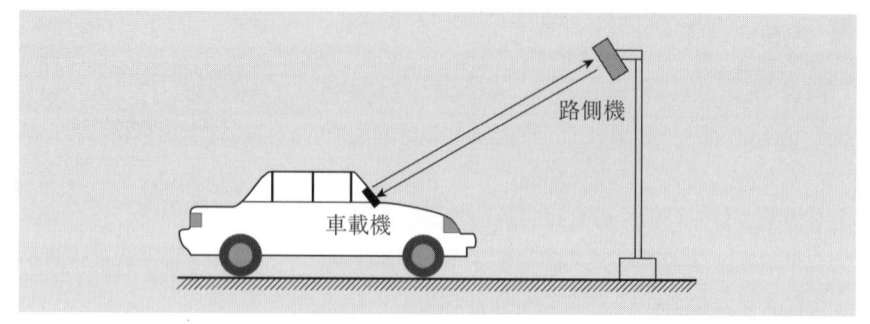

図 8.14 ETC のシステム

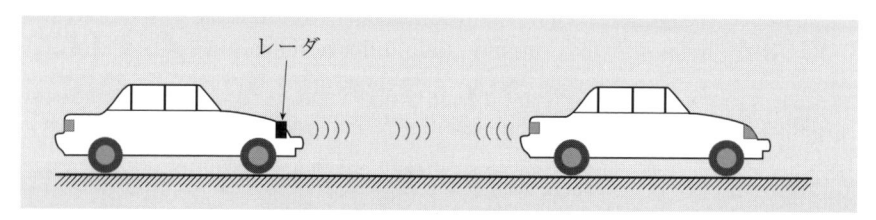

図 8.15 自動車衝突防止レーダ

計されている．周波数 5.8 [GHz] 帯の右旋円偏波を用いており，変調にはドップラー効果による影響が少ない ASK（amplitude shift keying）変調が使われている．このシステムを拡張して，先に記した DSRC というスポット通信が実現されている．DSRC には ASK 変調のほか，QPSK 変調が用いられており，通信速度は ASK では 1 [Mbps]，QPSK では 4 [Mbps] を実現している．海外でも同様のシステムは存在するが，使用されている周波数，通信方式は異なっている．

　車同士，さらには車と人との衝突を防止するシステムとして，76 [GHz] 帯のミリ波を用いた**自動車衝突防止レーダ**（collision avoidance radar）を装備した自動車が市販されている．図 8.15 に示すように，車前部に搭載されたレーダにより，前方の車との距離や速度を計測して，ユーザに警告，車の制動を行うものである．

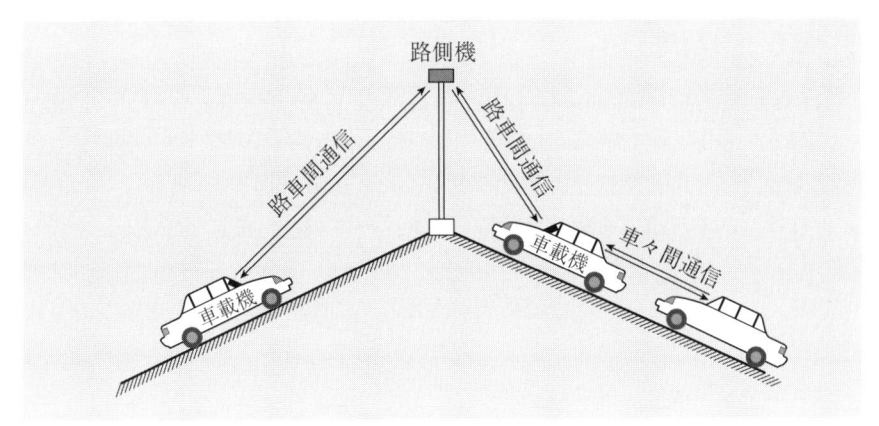

図 8.16 ASV 概念図

　図 8.16 のように見通しの悪い交差点などでの事故を防ぐために，交差点に設置された路側機と車との間で通信を行う**路車間通信**（road-to-vehicle communication）や，前の車の制動などの情報を車同士でやり取りする**車々間通信**（vehicle-to-vehicle communication）などを行える ASV（advanced safety vehicle：先進安全自動車）が，5.8 [GHz] の DSRC や 700 [MHz] 帯で検討されている．

8.6 RFID

RFID (radio frequency identification) とは，無線通信によって ID 情報をやり取りするシステムのことである．RFID は，ユーザが持つカード形状などのタグと，その情報を読み書きする Reader/Writer (以下 R/W)，さらに ID とそれに対応する情報を結び付けるデータベースから構成されている．主な利用分野としては，(1) 課金，プリペイド，(2) セキュリティ管理，(3) 物品・物流管理，トレーサビリティなどに大別される．社員証，学生証などの身分証明や，定期券，鉄道の乗車券，電子マネー，部屋の入退室管理，図書館の蔵書管理など様々な用途に使用されている．

RFID システムの歴史は，1950 年代にヨーロッパで牛などの畜産管理のために使用されたのが最初の実用例であるといわれている．1960 年代後半からアメリカで核の管理のために利用され始めた．197 年代には，自動車工場など FA (factory automation) 分野にも広がりをみせ，日本でも 1980 年代後半には使用されている．1990 年代に，ヨーロッパで車の盗難防止のためイモビライザが開発された．日本においては，テレホンカードの偽造磁気カード対策として，1993 年から IC カード公衆電話システムが開始された．1996 年に動物用 RFID システムの規格である 134 [kHz] 帯が規定され，2003 年には牛に RFID を装着することが義務化され，広く普及することとなった．2001 年には，JR 東日本が 13.56 [MHz] を使用した乗車券システムが導入されている．

RFID タグには，電源や発振回路を内蔵したアクティブ型 (バッテリー搭載) と，電源を内蔵せず R/W からの電磁波を駆動電源とするパッシブ型 (バッテリー非搭載) が存在する．また，RFID タグは使用する用途により，課金やセキュリティ管理では通信距離を短く，物流管理などでは長くと，必要とされる通信距離が異なっている．アクティブ型のものは電源と発振回路があるため通信距離を長くでき，物流などに使用されている．このアクティブ型に使用されているアンテナは，パッシブ型のアンテナとほぼ同じである．パッシブ型 RFID タグは電源を搭載していないことから，通信と同時に回路の駆動に必要な電力を供給する**無線電力伝送** (wireless power transmission) を行う必要がある．ほとんどの場合，この電力伝送可能な距離によって通信距離が決定される．この電力は搬送波で送信されるため，電力伝送可能距離は，搬送波周波数，R/W

8.6 RFID

表 8.2 周波数による特徴

	電磁誘導方式		電波方式	
周波数	135 kHz 以下	13.56 MHz	900 MHz 帯	2.45 GHz
通信距離	～0.3 m	～1.0 m	～数 m	～2.0 m
サイズ	小		大 → 小	
水, 粉塵	影響：受けにくい → 受けやすい			
アンテナ	コイル ループ, スパイラル		ダイポール パッチ	

出力，通信方式，変調方式，符号化方式，IC の消費電力に加えて，実装されるアンテナの利得および周辺の電波環境によって決定される．

表 8.2 にまとめたように，RFID タグの搬送波として使用可能な周波数帯域は，**ISM バンド**（industry science medical, 産業・科学・医学用帯域）を中心にいくつか決まっている．主なものとしては，135 [kHz] 帯（125 [kHz] を含む），13.56 [MHz] 帯などを用いた電磁誘導方式と 2.45 [GHz] 帯または 900 [MHz] 帯の UHF 帯を用いた電波方式である（この他にも 433 [MHz], 5.8 [GHz] がある）．ここで通信距離は R/W の出力に大きく左右されるため，現行の電波法規制で定められている実効放射電力（EIRP）から，HF 帯では短く，UHF 帯では長くなる．UHF 帯，マイクロ波帯で用いると，波長が短いために読み取りを行う際に周囲の水分などの影響を受けやすくなる．RFID 利用分野のうち，鉄道や航空分野，電子マネーや個人認証などで利用されている，(1) 課金，プリペイド，(2) セキュリティ管理の分野では，その利用形態から通信エリアを限定したいため，13.56 [MHz] 帯が広く用いられている．一方，135 [kHz] 帯のタグは，水や金属の影響を受け難い特徴を生かして，家畜管理，スキー場のリフト乗り場，回転寿司の皿，クリーニングの管理タグ，カジノのチップなどの分野で利用されている．また，(3) 物品・物流管理，トレーサビリティ等に関しては，通信距離の延伸化要求が強く，2.45 [GHz] 帯と同じ送信出力が可能で波長

の長い 90 [MHz] 帯 RFID が注目されている．900 [MHz] 帯は使用される国により，使用周波数が日本では 950 [MHz]，アメリカでは 915 [MHz]，ヨーロッパでは 859.5 [MHz] と微妙に異なっている．そのため，航空貨物や物流などの用途において世界中で使用可能とするには，広帯域化が必要になる．

RFID に利用されているタグ用アンテナの形状は，使用している搬送波周波数によって異なっている．13.56 [MHz] 帯では通信エリアが近傍界内となるため，磁界を利用するコイルやスパイラルアンテナを用い，電磁誘導方式により電力伝送・通信を行う．一方，UHF 帯では通信距離範囲のほとんどが遠方界となるため，ダイポールアンテナやパッチアンテナなどの開放型アンテナを用い，電波方式によって電力伝送・通信を行う．図 8.17 には，13.56 [MHz] と 2.45 [GHz] の RFID タグを示す．黒く見えるのが ID および RF 回路が入っている IC チップである．パッシブ型 RFID タグは，アンテナと IC が直結しているため，R/W からの電力を最大限に利用しようとすると，IC の出力インピーダンスとアンテナの入力インピーダンスが複素共役の関係になっている必要がある．

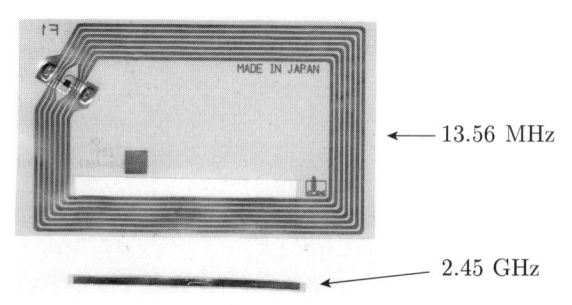

図 8.17 RFID タグ （13.56MHz：上，2.45GHz：下）

R/W 側のアンテナは，回路側に電磁波を放射し誤動作をさせないため，かつ，回路と同一平面上に作製するため，図 8.18 のように単向性のパッチアンテナがよく用いられている．また，RFID タグのアンテナの向きに対する任意性を持たせるために，円偏波放射素子を用いているものが多い．

RFID タグからの返信は，タグの IC 内部の RF 回路から発信した信号を電磁波として放射するのではなく，Back Scatter 方式により IC の動作を R/W 側から見た負荷の変動として読み取ることで行っている．

8.6 RFID

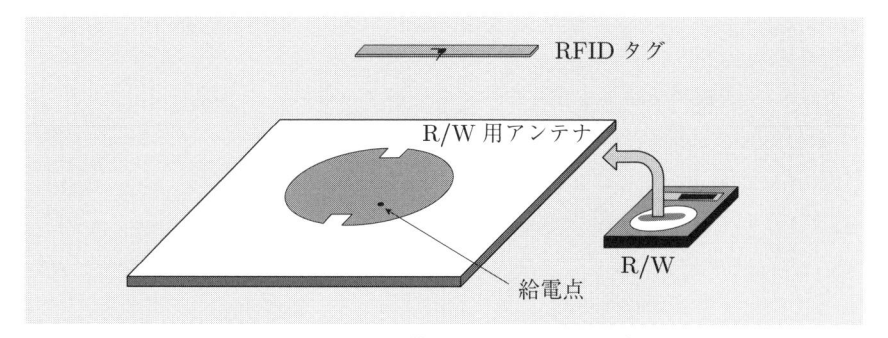

図 8.18 UHF 帯 RFID のアンテナ系

通信距離

　無線通信は長距離通信を求めていた時代がある（1.2 節参照）．しかしながら，昨今では，通信距離の限定が求められている．例えば，携帯電話の基地局がいい例である．1 つの基地局でサービスできる数は限られているため，多数の要求に応えるためには，サービスエリアを小さくして対応する必要がある（8.3.2 項参照）．これは，伝送速度が増大すると，必要な周波数帯域も増大することになり，限られた周波数ではサービス数に限界があるためである．また，RFID のように，セキュリティが求められる情報を扱う場合には，不用意に他人に受信されないよう通信距離を数 cm に留めておきたい．さらには，LSI チップ内の積層基板間，数十 μm を数 G ビット/秒の高速通信も研究されている．このように，短距離通信も求められているのである

8.7 医療応用

■8.7.1 医療用テレメータ

様々な情報を遠隔で計測することを**テレメトリ**（telemetry）といい，宇宙船や原子力発電，野生生物など，人が近づけない場合に用いられている．特に医療の分野で使用されるものを**医療用テレメータ**（medical telemeter）という．患者の血圧や呼吸，心拍数，心電図波形などの生体情報（バイタルデータ）を，患者を拘束することなく測定できる．このことは，患者のストレス軽減だけではなく，他の疾病を防ぐという意味で重要である．また，集中治療室（ICU：intensive care unit）など重点的に看護する必要のある患者の情報をナースステーションでモニタするのにも使用されている．これらは，患者の生命に関わることであり，通信には高い信頼性が要求される．

医療用テレメータは，微弱無線局として使用されていたが，1989年に電波法施行規則の改正により特定小電力無線局として認められた．使用周波数は420〜450 [MHz] 帯で，表8.3に示すように6つのバンドが定められている．また，表8.4のように専有周波数帯域幅によって，5種類に分類されている．使用用途に応じて，通信仕様は異なっている．変調方式は，アナログではFM変調が使用されていたが，デジタル化に伴いA，B型ではFSK（frequency shift keying），C，D，E型はGMSK（gaussian filterd minimum shift keying）が使用されている．周波数チャンネルの干渉を避けるため，病棟単位などで運用されている．バイタルデータを収集するのが目的のため，患者からの単方向通信となっている．通信距離は，屋内で半径30 [m]，屋外で半径100 [m] 程度となっており，セ

表 8.3 医療用テレメータの周波数

バンド	周波数 [MHz]	帯域幅 [MHz]
Band 1	420.5 〜421.0375	0.9875
Band 2	424.4875〜425.975	1.4875
Band 3	429.25 〜429.7375	0.4875
Band 4	440.5625〜441.55	0.9875
Band 5	444.5125〜445.5	0.9875
Band 6	448.675 〜449.6625	0.9875

8.7 医療応用

表 8.4 医療用テレメータの通信仕様

区分	周波数間隔[kHz]	専有帯域幅[kHz]	出力[mW]	伝送速度[kbps]	目的	使用例
A型	12.5	<8.5	1	4.8	1ch 送信	心電図 1ch
B型	25	8.5〜16		9.6	2ch 送信	心電図 2ch
C型	50	16〜32		32	狭帯域で3ch 以上送信	心電図 2ch, 血圧 2ch, 体温 4ch, 呼吸 2ch
D型	100	32〜64		64		筋電図 2ch, 脳波 16ch
E型	500	64〜320	10	320	広帯域で3ch 以上送信	筋電図 8ch

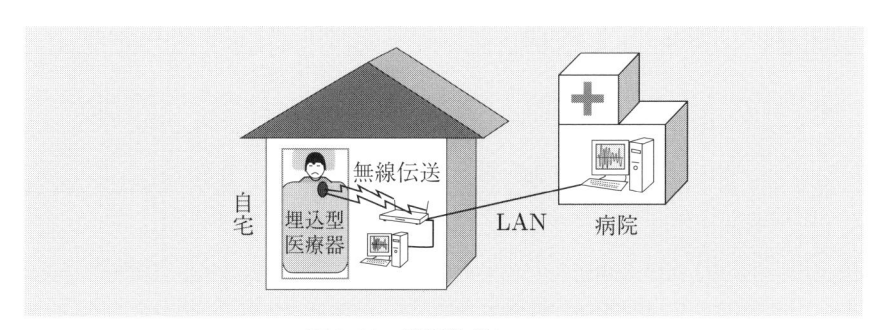

図 8.19 遠隔監視システム

ンサが体から外れたり，通信エリアから外に離れたりするとアラームが鳴るなどトラブルを避ける仕様になっている．

2005 年に**体内埋込型医療用データ伝送システム**（MICS：medical implant communication system）が，心臓ペースメーカや埋込型除細動器などのために法制化された．図 8.19 に示すように，MICS は，これら体内装置の制御およびこれらの装置からの情報を，電波を使って外部の受信機を介してインターネットなどにより病院などの医師に伝える遠隔監視システムなどの応用を目的にしている．周波数帯は 402〜405 [MHz] で，専有帯域幅の上限は 300 [kHz] となっている．

今後，医療用テレメータは，在宅医療や離島などでは衛星を介して，また，救

急医療では救急車内・ドクターヘリなどから患者データを送信し，患者のモニタリングや早期治療などに発展が期待されている．

■8.7.2 カプセル内視鏡

胃や大腸は通常の内視鏡で診られるが，小腸はそれらよりさらに奥にあり屈曲部が多いため体外からはアクセスし難かった．そのため，**カプセル内視鏡** (capsule endoscope) は，小腸を検査するために開発された．従来の体外からアクセスする方法とは異なり，撮像装置を備えたカプセルを飲むことにより，消化管内を撮像するものである．この構想自体は古くからあったが，イスラエルの Given Imaging Ltd. の技術者らが，会社設立前に動物実験を重ねた上で 1997 年に米国で特許を取得，1998 年に会社設立し，2000 年には動物実験の結果が "Nature" に掲載された．2001 年には，アメリカ，ヨーロッパ諸国で承認を得て販売開始，2007 年 4 月に日本でも市販が始まった．また，オリンパスメディカルシステムが 2005 年にヨーロッパで，2008 年に日本でカプセル内視鏡を販売している．

両者のシステムは，ほぼ同じものとなっている．図 8.20 にカプセル内視鏡の内部構造を示す．大きさは，直径 11 [mm]，長さ 26 [mm] であり，前部に CMOS または CDD の撮像装置と照明用の LED を備えている．電池を挟んで後部は，無線用の RFID 回路およびアンテナを搭載している．カプセル内視鏡を飲み込むと，消化管内を蠕動運動に従って進み，約 8 時間後体外に排出される．その間，静止画を 2 枚/秒のペースで撮影し，そのデータを外部に電波で送信する．患者の腹部に貼った 8 個のアレイアンテナでダイバーシチ受信し，腰に装着し

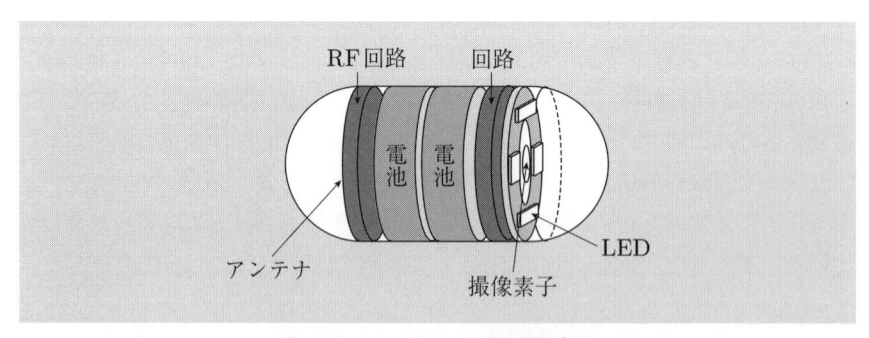

図 8.20　カプセル内視鏡模式図

た記録装置に保存する．約6万枚の静止画を保存することになる．記録装置などはすべて電池で動作し，カプセルを飲み込んだ後，2時間は飲食を控え，4時間までは食事を控える必要があるが，記録装置は小型のため，患者は検査中も動き回ることができる．カプセル内視鏡と体外との通信は，メーカによって433 [MHz]，315 [MHz] と異なるが，通信距離が10 [cm] 強と短いため，無線局の免許が必要ない微弱無線局の扱いとなっている．

カプセル内視鏡は，蠕動運動で進むだけなので，特定部位に留まっての撮影や向きの制御，さらに撮像枚数の増加や画像の高画質化などが望まれている．また，試料の採取や投薬などができるロボット化なども考えられている．そのためには，伝送容量の増加，高速化，双方向通信が必要である．さらに，消費電力の増加や万一の事故時の電池が有害なことから，無線電力伝送の研究もされている．

■ 8.7.3　MRI

MRI は，**磁気共鳴画像法**（magnetic resonance imaging）のことで，物質に含まれる原子核の空間分布を画像化する方法である．人体などの断層画像が得られる医療診断装置として使われている．同様の診断装置としてX線を用いたCT（computed tomography）がある．1946年にMRIの原理となる核磁気共鳴（NMR：nuclear magnetic resonance）現象が発見され，1973年にNMRの画像化，さらに多次元NMRを経て，1981年にMRI装置が実用化されている．近年では，脳機能の活動が計測できる磁気共鳴機能画像法（fMRI：functional MRI）が登場している．

図8.21でNMRについて説明する．原子核スピンによって磁石のような性質を持っている原子がある．その原子核スピンの向きは，普段は様々な方向を向いているが，静磁場をかけることにより，原子核スピンの向きは平行に揃う．これにRFコイルにより特定周波数の電磁波パルスを照射すると，静磁場時の原子核スピンの方向を軸として歳差運動を行う．この歳差運動によってRFコイルに電磁誘導により高周波信号が誘起される．これをNMR信号と呼び，その周波数は照射した電磁波の周波数と一致するため，核磁気共鳴といわれる．この共鳴周波数 ω [rad/sec/T] は，静磁界強度を H_0 [T] とすると，次のラーモア（Larmor）の式によって決まる．

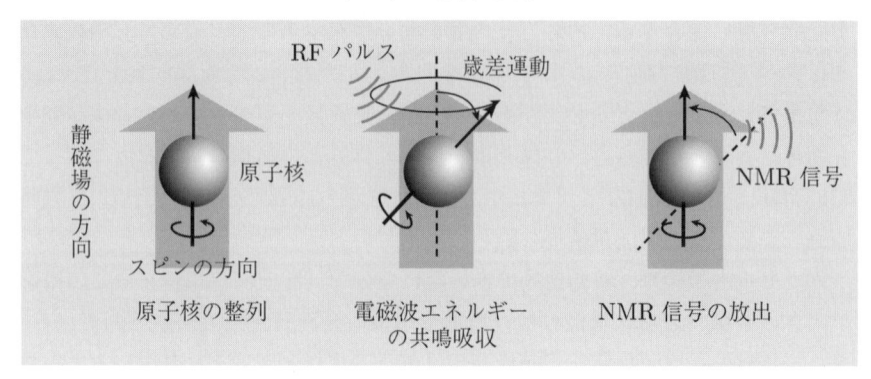

図 8.21　NMR の原理

$$\omega = \gamma H_0 \tag{8.10}$$

ここで γ は，原子核によって決まる定数で磁気回転比という．共鳴周波数はかけた静磁場強度に比例し，各原子核に固有の周波数となる．医療用 MRI では，水素原子 H の信号を見ている．

■ 例題 8.3
　　MRI 装置において，静磁場強度 1.5 [T]，4 [T] の共鳴周波数を求めよ．ただし，水素原子の時期回転比は 42.58 [MHz/T] とする．

【解答】式 (8.10) より，1.5 [T] のときは，$\omega = \gamma H_0 = 42.58 \times 1.5 = 63.87$ [MHz]，4 [T] のときは，$\omega = 42.58 \times 4 = 170.32$ [MHz] となる．

　電磁波パルスの照射を止めると，徐々に元の状態に戻るが，その速さが各組織によって異なる．また，静磁場とは別に距離に比例した勾配磁場をかけることにより，原子核の位相や周波数が変化するため，位置が求まる．このようにして，組織と位置が特定できる．実際に得られる NMR 信号は個々が合成されたものなので，得られた信号を 2 次元ないし 3 次元のフーリエ変換を行うことにより，個々の位置の信号に分解し画像化する．図 8.22 に構成図と外観を示す．
　静磁場強度 1.5 [T]（共鳴周波数 64 [MHz]）の超伝導電磁石を用いた MRI が多く使用されているが，最近では 3 [T]（128 [MHz]）や 7 [T]（300 [MHz]）の装置も存在する．RF コイルとしてよく用いられる，バードケージコイルの構造を図 8.23 に示す．大きさは，人体の入るサイズなどで決まってしまうため，

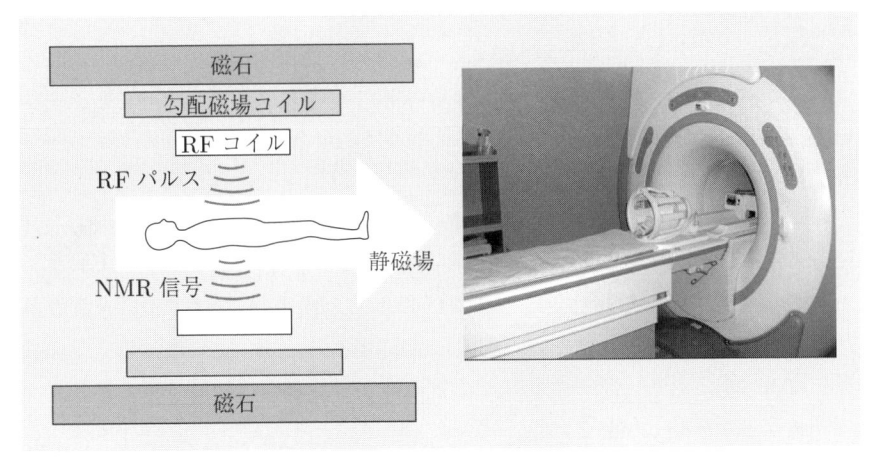

図 8.22 MRI の構成および外観

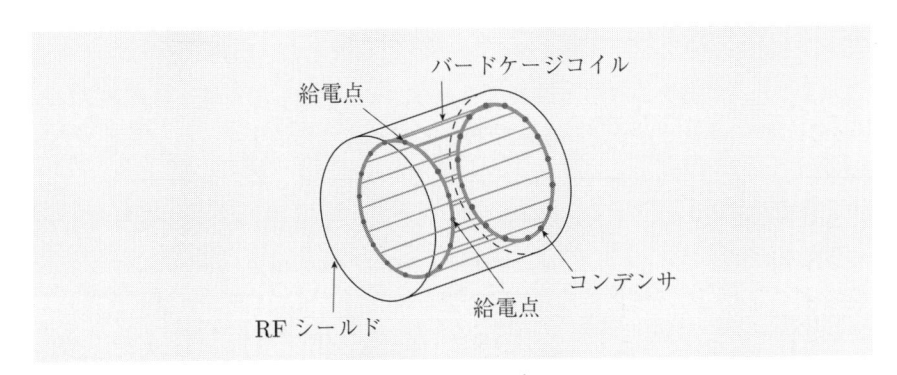

図 8.23 RF コイル

共鳴周波数はコンデンサなどを装荷して調整を行う．この他にも頭部や胸部など局所的に使用する RF コイルがある．

MRI は強磁場を使用するため，金属類の持ち込みなどは鮮明な画像が得られないだけではなく，事故に繋がる可能性がある．また，部屋全体に磁気シールドを施す必要がある．

8.8 電磁波加熱

第7章の電波伝搬にて，水蒸気により電磁波が吸収されてしまうこと，先の節でMRIでは原子核を振動させることを記した．物体が電磁波のエネルギーを吸収することにより温度上昇を起こす，電磁波加熱という作用がある．

一般によく知られているのは，**電子レンジ**（microwave oven）である．Raytheon Companyで働いていたレーダの技師が，ポケットの中に入れていた菓子が溶けていたことで発見され，1945年に特許取得，1947年に市販された．電子レンジに使用されている周波数2.45 [GHz] のマイクロ波は水分子の共鳴周波数であるため，マグネトロンの電磁波が食品などに放射されると，食品中の水分子が振動し加熱される．

医療用として，がんの治療法に**ハイパサーミア**（温熱療法，hyperthermia）がある．正常細胞は45℃程度までは生存できるが，がん細胞は42℃以上での生存率が下がる．そのため，腫瘍部を42〜45℃程度で30〜60分間，加温することにより正常細胞を温存する治療法である．また，腫瘍部を焼き切る**アブレーション**（焼しゃく療法：ablation），細胞を凝固させる**コアギュレーション**（凝固療法：coagulation）があり，60〜70℃まで加熱する．この加熱方法として電磁波を用いるものは，ラジオ波およびマイクロ波を使用する（他に超音波による加熱などがある）．ラジオ波は，RFA（radio frequency ablation：ラジオ波焼しゃく療法）という2つの電極間に流れる高周波電流を用いた加熱，焼しゃく療法に用いられ，周波数は数100 [kHz] 帯や8 [MHz]，13.56 [MHz] が代表的である．マイクロ波としては，2.45 [GHz] 帯が代表的ではあるが，430 [MHz]や915 [MHz] も用いられる．加温方法は，図8.24に示すように，体の外部から加温する外部加温，組織内から加温する内部加温とある．外部加温は皮膚がんなどの表在性のものに使用される．図8.25は2.45 [GHz] を用いた刺入型加温療法の例を示す．事前にMRIなどで腫瘍の位置や大きさを特定し，それに合わせて，刺入するアプリケータの本数，位置を定め治療計画を作成し，治療を行う．

電磁波はプラズマを加熱するのにも使用される．プラズマとは，気体分子がイオンと電子に分離した状態のことをいう．核融合を実現するためにもプラズマは用いられるが，半導体を製造するときにも利用されている．半導体を製造

8.8 電磁波加熱

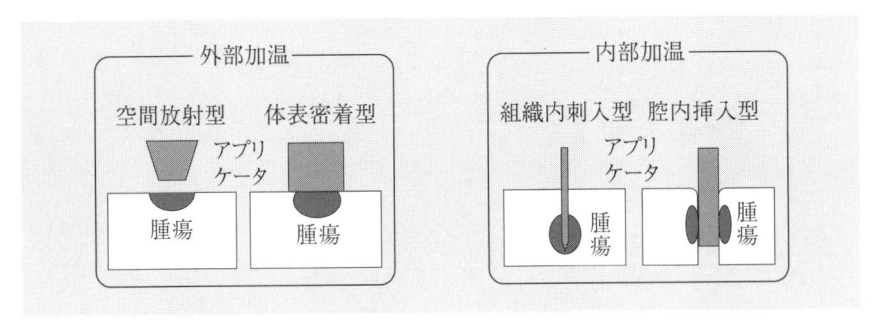

図 8.24 温熱治療における加温方法

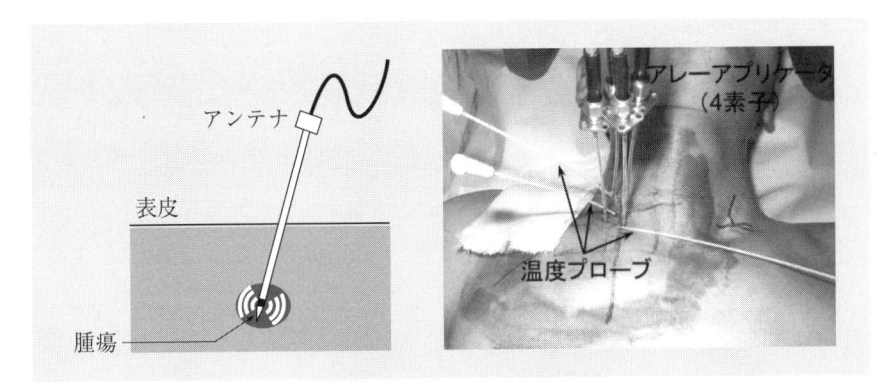

図 8.25 刺入型マイクロ波加温

する過程において薄膜を形成する蒸着法としてプラズマ CVD 法（PECVD：plasma-enhanced chemical vapor deposition）や，逆に削るときにプラズマエッチング法（plasma etching）などがあり，反応ガスをプラズマ化させて使用する．反応ガスをプラズマ化させるときに，13.56 [MHz] や 2.45 [GHz] などの電磁波を用いて励起させる．電磁波を放射するアンテナとしては，2 枚の並行平板を用いるものや，ホーンアンテナ，導波管スロットアンテナを用いるものがある．図 8.26 は，マイクロ波プラズマを用いた半導体製造装置の例である．

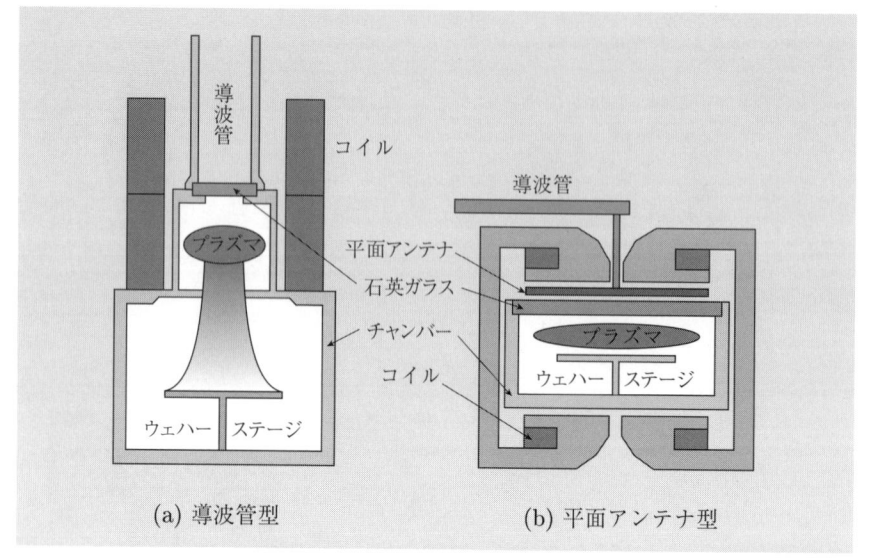

図 8.26 マイクロ波プラズマ装置

(a) 導波管型　(b) 平面アンテナ型

8 章 の 問 題

- □ **1** フリスの伝達公式について説明せよ．
- □ **2** FDMA, TDMA, CDMA の違いについて説明せよ．
- □ **3** セルラー方式について説明せよ．
- □ **4** レーダ方程式について説明せよ．
- □ **5** レーダ断面積とは何か説明せよ．
- □ **6** レーダの原理について説明せよ．
- □ **7** GPS の測位について説明せよ．
- □ **8** RFID について，分類して説明せよ．

付 録

1 主要定数

自由空間における定数

誘電率 $\quad \varepsilon_0 = 8.854 \times 10^{-12} \cong \dfrac{1}{36\pi} \times 10^{-9}$ [F/m]

透磁率 $\quad \mu_0 = 4\pi \times 10^{-7} = 1.257 \times 10^{-6}$ [H/m]

光 速 $\quad c = \dfrac{1}{\sqrt{\varepsilon_0 \mu_0}} = 2.998 \times 10^{8} \cong 3 \times 10^{8}$ [m/s]

固有インピーダンス $\quad Z_0 = \sqrt{\dfrac{\mu_0}{\varepsilon_0}} = 376.7 \cong 120\pi$ [Ω]

導電率 σ

銅	5.65×10^{7} [S/m]
銀	6.17×10^{7} [S/m]
金	3.82×10^{7} [S/m]
アルミニウム	3.54×10^{7} [S/m]
鉄	1.0×10^{7} [S/m]

海水	$3 \sim 5$ [S/m]	$\varepsilon_r = 80$
乾土	$10^{-4} \sim 10^{-5}$ [S/m]	$\varepsilon_r = 2 \sim 5$
湿土	$10^{-2} \sim 10^{-5}$ [S/m]	$\varepsilon_r = 5 \sim 15$

2 ベクトル公式

$\boldsymbol{a} \cdot (\boldsymbol{b} \times \boldsymbol{c}) = \boldsymbol{b} \cdot (\boldsymbol{c} \times \boldsymbol{a}) = \boldsymbol{c} \cdot (\boldsymbol{a} \times \boldsymbol{b})$

$\boldsymbol{a} \times (\boldsymbol{b} \times \boldsymbol{c}) = (\boldsymbol{a} \cdot \boldsymbol{c})\boldsymbol{b} - (\boldsymbol{a} \cdot \boldsymbol{b})\boldsymbol{c}$

$\nabla(\phi\psi) = \phi \nabla\psi + \psi \nabla\phi$

付　録

$$\nabla \cdot (\phi \boldsymbol{a}) = \boldsymbol{a} \cdot \nabla \phi + \phi \nabla \cdot \boldsymbol{a}$$

$$\nabla \times (\phi \boldsymbol{a}) = \nabla \phi \times \boldsymbol{a} + \phi \nabla \times \boldsymbol{a}$$

$$\nabla (\boldsymbol{a} \cdot \boldsymbol{b}) = (\boldsymbol{a} \cdot \nabla) \boldsymbol{b} + (\boldsymbol{b} \cdot \nabla) \boldsymbol{a} + \boldsymbol{a} \times (\nabla \times \boldsymbol{b}) + \boldsymbol{b} \times (\nabla \times \boldsymbol{a})$$

$$\nabla \cdot (\boldsymbol{a} \times \boldsymbol{b}) = \boldsymbol{b} \cdot \nabla \times \boldsymbol{a} - \boldsymbol{a} \cdot \nabla \times \boldsymbol{b}$$

$$\nabla \times (\boldsymbol{a} \times \boldsymbol{b}) = \boldsymbol{a} \nabla \cdot \boldsymbol{b} - \boldsymbol{b} \nabla \cdot \boldsymbol{a} + (\boldsymbol{b} \cdot \nabla) \boldsymbol{a} - (\boldsymbol{a} \cdot \nabla) \boldsymbol{b}$$

$$\nabla \cdot \nabla \phi = \nabla^2 \phi = \left(\frac{\partial^2}{\partial x^2} + \frac{\partial^2}{\partial y^2} + \frac{\partial^2}{\partial z^2} \right) \phi$$

$$\nabla \times \nabla \phi = 0$$

$$\nabla \cdot (\nabla \times \boldsymbol{a}) = 0$$

$$\nabla \times \nabla \times \boldsymbol{a} = \nabla \nabla \cdot \boldsymbol{a} - \nabla^2 \boldsymbol{a}$$

$$\iiint_V \nabla \cdot \boldsymbol{a} \, dv = \oiint_S \boldsymbol{a} \cdot \hat{\boldsymbol{n}} \, dS \quad \text{(ガウスの定理)}$$

$$\iiint_V \nabla \times \boldsymbol{a} \, dv = \oiint_S \hat{\boldsymbol{n}} \times \boldsymbol{a} \, dS$$

$$\iint_S \nabla \times \boldsymbol{a} \cdot d\boldsymbol{S} = \oint_c \boldsymbol{a} \cdot d\boldsymbol{l} \quad \text{(ストークスの定理)}$$

$$\iiint_V \nabla \phi \, dv = \oiint_S \phi \hat{\boldsymbol{n}} \, dS$$

$$\iiint_V (\phi \nabla^2 \psi - \psi \nabla^2 \phi) dv = \oiint_S (\phi \nabla \psi - \psi \nabla \phi) \cdot \hat{\boldsymbol{n}} \, dS$$

$$\iiint_V (\phi \nabla^2 \psi + \nabla \phi \cdot \nabla \psi) dv = \oiint_S \phi \nabla \psi \cdot \hat{\boldsymbol{n}} \, dS$$

直角座標

$$\nabla \phi = \frac{\partial \phi}{\partial x} \hat{\boldsymbol{x}} + \frac{\partial \phi}{\partial y} \hat{\boldsymbol{y}} + \frac{\partial \phi}{\partial z} \hat{\boldsymbol{z}}$$

$$\nabla \cdot \boldsymbol{a} = \frac{\partial a_x}{\partial x} + \frac{\partial a_y}{\partial y} + \frac{\partial a_z}{\partial z}$$

$$\nabla \times \boldsymbol{a} = \begin{vmatrix} \hat{\boldsymbol{x}} & \hat{\boldsymbol{y}} & \hat{\boldsymbol{z}} \\ \frac{\partial}{\partial x} & \frac{\partial}{\partial y} & \frac{\partial}{\partial z} \\ a_x & a_y & a_z \end{vmatrix}$$

$$= \hat{\boldsymbol{x}} \left(\frac{\partial a_z}{\partial y} - \frac{\partial a_y}{\partial z} \right) + \hat{\boldsymbol{y}} \left(\frac{\partial a_x}{\partial z} - \frac{\partial a_z}{\partial x} \right) + \hat{\boldsymbol{z}} \left(\frac{\partial a_y}{\partial x} - \frac{\partial a_x}{\partial y} \right)$$

$$\nabla^2 \phi = \frac{\partial^2 \phi}{\partial x^2} + \frac{\partial^2 \phi}{\partial y^2} + \frac{\partial^2 \phi}{\partial z^2}$$

円柱座標

$$\nabla \phi = \frac{\partial \phi}{\partial \rho} \hat{\boldsymbol{\rho}} + \frac{\partial \phi}{\partial \varphi} \hat{\boldsymbol{\varphi}} + \frac{\partial \phi}{\partial z} \hat{\boldsymbol{z}}$$

$$\nabla \cdot \boldsymbol{a} = \frac{1}{\rho} \frac{\partial}{\partial \rho}(\rho a_\rho) + \frac{1}{\rho} \frac{\partial a_\varphi}{\partial \varphi} + \frac{\partial a_z}{\partial z}$$

$$\nabla \times \boldsymbol{a} = \begin{vmatrix} \dfrac{\hat{\boldsymbol{\rho}}}{\rho} & \hat{\boldsymbol{\varphi}} & \dfrac{\hat{\boldsymbol{z}}}{\rho} \\ \dfrac{\partial}{\partial \rho} & \dfrac{\partial}{\partial \varphi} & \dfrac{\partial}{\partial z} \\ a_\rho & a_\varphi & a_z \end{vmatrix}$$

$$= \hat{\boldsymbol{\rho}} \frac{1}{\rho} \left(\frac{\partial a_z}{\partial \varphi} - \frac{\partial a_\varphi}{\partial z} \right) + \hat{\boldsymbol{\varphi}} \left(\frac{\partial a_\rho}{\partial z} - \frac{\partial a_z}{\partial \rho} \right) + \hat{\boldsymbol{z}} \frac{1}{\rho} \left\{ \frac{\partial}{\partial \rho}(\rho a_\varphi) - \frac{\partial a_\rho}{\partial \varphi} \right\}$$

$$\nabla^2 \phi = \frac{1}{\rho} \frac{\partial}{\partial \rho} \left(\rho \frac{\partial \phi}{\partial \rho} \right) + \frac{1}{\rho^2} \frac{\partial^2 \phi}{\partial \varphi^2} + \frac{\partial^2 \phi}{\partial z^2}$$

球座標

$$\nabla \phi = \frac{\partial \phi}{\partial r} \hat{\boldsymbol{r}} + \frac{1}{r} \frac{\partial \phi}{\partial \theta} \hat{\boldsymbol{\theta}} + \frac{1}{r \sin \theta} \frac{\partial \phi}{\partial z} \hat{\boldsymbol{\varphi}}$$

$$\nabla \cdot \boldsymbol{a} = \frac{1}{r^2} \frac{\partial}{\partial r}(r^2 a_r) + \frac{1}{r \sin \theta} \frac{\partial}{\partial \theta}(a_\theta \sin \theta) + \frac{1}{r \sin \theta} \frac{\partial a_\varphi}{\partial \varphi}$$

$$\nabla \times \boldsymbol{a} = \begin{vmatrix} \dfrac{\hat{\boldsymbol{r}}}{r^2 \sin \theta} & \dfrac{\hat{\boldsymbol{\theta}}}{r \sin \theta} & \dfrac{\hat{\boldsymbol{\varphi}}}{r} \\ \dfrac{\partial}{\partial r} & \dfrac{\partial}{\partial \theta} & \dfrac{\partial}{\partial \varphi} \\ a_r & r a_\theta & r \sin \theta a_\varphi \end{vmatrix}$$

$$= \hat{\boldsymbol{r}} \frac{1}{r \sin \theta} \left\{ \frac{\partial}{\partial \theta}(a_\varphi \sin \theta) - \frac{\partial a_\theta}{\partial \varphi} \right\} + \hat{\boldsymbol{\theta}} \frac{1}{r} \left\{ \frac{1}{\sin \theta} \frac{\partial a_r}{\partial \varphi} - \frac{\partial}{\partial r}(r a_\varphi) \right\}$$

$$+ \hat{\boldsymbol{\varphi}} \frac{1}{r} \left\{ \frac{\partial}{\partial r}(r a_\theta) - \frac{\partial a_r}{\partial \theta} \right\}$$

$$\nabla^2 \phi = \frac{1}{r^2} \frac{\partial}{\partial r} \left(r^2 \frac{\partial \phi}{\partial r} \right) + \frac{1}{r^2 \sin \theta} \frac{\partial}{\partial \theta} \left(\sin \theta \frac{\partial \phi}{\partial \theta} \right) + \frac{1}{r^2 \sin^2 \theta} \frac{\partial^2 \phi}{\partial \varphi^2}$$

演習問題解答

第 1 章

1 式 (1.1) より，$\lambda = \dfrac{c}{f} = \dfrac{3 \times 10^8}{80 \times 10^6} = 3.75$ [m]

2 月：$\dfrac{384,400 \times 10^3}{3 \times 10^8} \cong 1.281333$ [s]　　約 1.3 秒

　火星：$\dfrac{56,000,000 \times 10^3}{3 \times 10^8} \cong 186.6667$ [s] $\cong 3.11$ [min]　　約 3 分

3 ラジオ，TV，携帯電話，電子レンジ，カーナビ，無線 LAN，電子マネーなど

第 2 章

1 波長は式 (2.18) より 3.35 [m]．$1/e$ となる距離は，式 (2.31) より，

$$\delta_s = \sqrt{\dfrac{2}{\omega\mu\sigma}} = \sqrt{\dfrac{2}{2\pi \cdot 10^7 \cdot 4\pi \times 10^{-7} \cdot 5}} = 0.07118 \text{ [m]} = 7.12 \text{ [cm]}$$

2 式 (2.27) より，$Z = \sqrt{\dfrac{\mu_0}{\varepsilon_r \varepsilon_0}} = \sqrt{\dfrac{4\pi \times 10^{-7}}{9 \times 8.854 \times 10^{-12}}} \cong 1.256 \times 10^2 \cong 127$ [Ω]

3 式 (2.28) より，$\begin{cases} -\alpha^2 + \beta^2 = \omega^2 \varepsilon\mu \\ 2\alpha\beta = \omega\mu\sigma \end{cases}$ なので，下式より $\beta = \dfrac{\omega\mu\sigma}{2\alpha}$．上式に代入

し，$-\alpha^2 + \left(\dfrac{\omega\mu\sigma}{2\alpha}\right)^2 - \omega^2 \varepsilon\mu = 0$．整理すると $\alpha^4 + \omega^2 \varepsilon\mu\alpha^2 - \left(\dfrac{\omega\mu\sigma}{2}\right)^2 = 0$．後は解の公式を用いて解く．

4 式 (2.30) より，$\dfrac{\sigma}{\omega\varepsilon} = 1$ が境界となる周波数．

$$f = \dfrac{\sigma}{2\pi\varepsilon} = \dfrac{5}{2\pi \cdot 80 \times 8.854 \times 10^{-12}} = 1123 \text{ [MHz]}$$

5 式 (2.33) より右旋円偏波は，$\boldsymbol{E_R} = (E_x \hat{\boldsymbol{x}} + jE_y \hat{\boldsymbol{y}})e^{-jkz}$，左旋円偏波は，$\boldsymbol{E_L} = (E_x \hat{\boldsymbol{x}} - jE_y \hat{\boldsymbol{y}})e^{-jkz}$ なので，$\boldsymbol{E_R} + \boldsymbol{E_L} = 2E_x \hat{\boldsymbol{x}} e^{-jkz}$，$\boldsymbol{E_R} - \boldsymbol{E_L} = 2E_y \hat{\boldsymbol{y}} e^{-jkz}$ となり，直線偏波は，円偏波の合成で表される．

第3章

1 $\rho = \dfrac{1+|\varGamma|}{1-|\varGamma|}$ より,$|\varGamma| = \dfrac{1-\rho}{1+\rho}$

2 $\rho = \dfrac{1+|\varGamma|}{1-|\varGamma|} = \dfrac{1+0.1}{1-0.1} = \dfrac{1.1}{0.9} \cong 1.22$

3 式 (3.22) より,
$$Z_c = \dfrac{1}{2\pi}\sqrt{\dfrac{\mu}{\varepsilon}}\ln\dfrac{b}{a} = \dfrac{1}{2\pi}\dfrac{120\pi}{\sqrt{\varepsilon_r}}\ln\dfrac{b}{a} = \dfrac{60}{\sqrt{\varepsilon_r}}\ln\dfrac{9.7}{2.9}, \quad \varepsilon_r = \left(\dfrac{60}{Z_c}\ln\dfrac{9.7}{2.9}\right)^2 = 2.1$$

4 同一構造で充填する誘電体が,比誘電率 2 程度のものか空気かによって,50 [Ω],75 [Ω] になるため.

5 式 (3.25) より,$Z_c = \dfrac{1}{\pi}\sqrt{\dfrac{\mu}{\varepsilon}}\ln\dfrac{2D}{d} = \dfrac{1}{\pi}\dfrac{120\pi}{\sqrt{\varepsilon_r}}\ln\dfrac{2D}{d} = \dfrac{120}{\sqrt{2.1}}\ln\dfrac{2\times 19}{1} \cong 301\,[\Omega]$

6 基本モードの TE_{10} のときは,$m=1, n=0$ となる.

遮断波長 λ_c は式 (3.44) より $\lambda_c = \dfrac{2\pi}{\sqrt{\left(\frac{m\pi}{a}\right)^2 + \left(\frac{n\pi}{b}\right)^2}} = 2a = 0458\,[\text{m}]$,

遮断周波数は $f_c = \dfrac{C}{\lambda_c} = \dfrac{3\times 10^8}{0.0458} = 6.55\,[\text{GHz}]$ となる.次の高次モードは TE_{20} なので,$m=2, n=0$ となるので,遮断周波数は $f_c = \dfrac{C}{2}\sqrt{\left(\dfrac{m}{a}\right)^2 + \left(\dfrac{n}{b}\right)^2} = 13.1\,[\text{GHz}]$ となる.ゆえに 6.55〜13.1 [GHz]

第4章

1 式 (4.18) を式 (4.1), (4.8) に代入する

2 4.4 節参照

3 アンテナの開放電圧は実効長 l_e を用いると,$V_0 = El_e$ となる.半波長ダイポールアンテナの実効長 $l_e = \dfrac{\lambda}{\pi}\,[\text{m}]$ なので,
$V_0 = El_e = 50 \times 10^{-6}\dfrac{0.15}{\pi} \cong 2.4 \times 10^{-6}\,[\text{V}] = 2.4\,[\mu\text{V}]$

4 4.6 節参照, **5** 4.7 節参照

第5章

1 半波長ダイポールアンテナでは,先端で電流が 0 となり共振する.容量を装荷することにより,先端での電流がある値を持つため,その分,短いアンテナ長で共振が

とれるため.

2 ダイポールアンテナは，上下導体から垂直偏波成分が放射されるが，ブラウンアンテナは地線からの放射は水平偏波成分になるため.

3 5.1.4 項参照

4 5.2.1 項参照．回路と一体で作成できる，低コスト，基板の誘電率を高くするとアンテナが小型化できるなど．

5 5.3.2 項参照, **6** 5.3.3 項参照,

第6章

1 単独のアンテナでは実現できる指向性など放射特性に限界がある．例えば，利得の高いアンテナを実現するには，大型アンテナが必要になり，機械強度，風圧，用地，電力などの回路，コストなどが問題になる．

2 2素子の8の字指向性に対して，素子数が増えると，ビーム幅が狭まり，さらにサイドローブが発生する．サイドローブは，3素子の場合は8の字に直交する方向に1組（2つ），4素子の場合は45°方向に2組となる．

3, 4 6.2 節参照, **5** 6.3.2, 6.3.3 項参照, **6** 6.6.1 項参照

第7章

1 式 (7.2) より自由空間の電界強度は，

$$|E_0| = \frac{\sqrt{30 G_a W}}{d} = \frac{\sqrt{30 \cdot 100 \cdot 1 \times 10^3}}{20 \times 10^3} \cong 0.0866 \,[\text{V/m}].$$

距離に比べアンテナ高は十分に低いので，式 (7.6) より電界強度は，

$$E = 2|E_0|\sin\left(\frac{2\pi h_1 h_2}{\lambda d}\right) = 2 \times 0.0866 \times \sin\left(\frac{2\pi \cdot 100 \cdot 10}{1.5 \cdot 20 \times 10^3}\right)$$
$$\cong 0.0360 \,[\text{V/m}] = 36.0 \,[\text{mV/m}]$$

となる．

2 7.2.1 項参照, **3** 7.2.3 項参照, **4** 7.3.1 項参照, **5** 7.3.2 項参照, **6, 7** 7.4.1 項参照, **8** 7.5.1 項参照, **9** 7.5.2 項参照

第8章

1 8.1.2 項参照, **2, 3** 8.3.2 項参照, **4〜6** 8.4.1 項参照, **7** 8.4.3 項参照, **8** 8.5 節参照

参考文献

[1] 電子情報通信学会編,アンテナ工学ハンドブック第2版,オーム社,2008年
[2] 後藤尚久,新井宏之,電波工学,昭晃堂,1992年
[3] 安達三郎,電磁波工学,コロナ社,1983年
[4] R.E.Collin, Antennas and Radiowave Propagation, McGRAW-HILL, 1985年
[5] C.A.Balanis, Antenna Theory — Analysis and Design — 2nd Edition, John Willey & Sons, Inc, 1982年
[6] 長谷部望,電波工学,コロナ社,1995年
[7] 安達三郎,佐藤太一,電波工学,森北出版,1998年
[8] 関口利男,榎本肇,電波工学,オーム社,1964年
[9] 関口利男,電磁波,朝倉出版,1976年
[10] 小西良弘,マイクロ波回路の基礎とその応用,総合電子出版社,1990年
[11] 内藤善之,マイクロ波・ミリ波工学,コロナ社,1986年

索　　引

あ　行

アクティブフェイズドアレイ　107
アダプティブアレイアンテナ　107
アブレーション　162
アレイアンテナ　88
アンテナ　7
アンペアの法則　10
移相器　105
位相速度　41
位相定数　18, 29
位相変調　130
医療用テレメータ　156
右旋円偏波　20
衛星　124
衛星放送　135
エンドファイアアレイ　92
オフセットパラボラアンテナ　78

か　行

開口効率　78
開口面アンテナ　76
回折係数　115
回折フェージング　125
回線設計　131
海底ケーブル　124
ガウスの法則　10
可逆定理　65
拡散符号　139
可視領域　92
カセグレンアンテナ　78
カプセル内視鏡　158
干渉性フェージング　125
管内波長　40
幾何光学理論　118
寄生素子　103

気象レーダ　145
基本モード　39
逆Lアンテナ　68
吸収フェージング　125
境界条件　22
供試アンテナ　62
空間ダイバーシチ　127
空港監視レーダ　144
空港面探知レーダ　144
屈折指数　118
グレーティングローブ　90
グレゴリアンアンテナ　78
群速度　41
携帯電話　138
減衰定数　18, 29
コアギュレーション　162
航空管制　137
航空路監視レーダ　144
高次モード　39
合成開口レーダ　145
高度交通システム　149
コーナリフレクタアンテナ　92
国際電気通信連合　130
固有インピーダンス　17

さ　行

最高利用周波数　123
最大比合成　127
最低利用周波数　123
最適使用周波数　123
サイドファイアヘリカルアンテナ　72
サイドローブ　56
左旋円偏波　20
山岳回折波　111
山岳利得　116

索　引

磁界　10
磁気嵐　123
磁気共鳴画像法　159
軸モード　72
自己インピーダンス　102
指向性　52
指向性係数　52
指向性合成　93
指向性ダイバーシチ　127
指向性利得　63
磁束密度　10
実効長　60
実効放射電力　131
実効面積　61
自動車衝突防止レーダ　150
自動車電話　138
車々間通信　151
遮断　39
遮断周波数　39
自由空間　131
自由空間基本伝送損　131
自由空間伝搬損　131
修正屈折指数　119
修正屈折率　119
周波数　5
周波数ダイバーシチ　127
周波数変調　130
縮退分離素子　74
受信機　131
準静電界　50
準天頂衛星システム　148
磁流　47
シンチレーションフェージング　125
振幅変調　130
垂直偏波　20
垂直モード　72
水平偏波　20
スカラポテンシャル　46
ステルス　143
スネルの法則　23
スパイラルアンテナ　68
スピルオーバ　78
スプリアス　130
スペクトラム拡散方式　139
スポラディックE層　122

スロットアンテナ　74
整合　31
静止軌道　124
精測進入レーダ　144
セクター　140
絶対利得　62
セル　140
セルラー方式　140
線状アンテナ　68
選択合成　127
選択性フェージング　126
全地球航法衛星システム　148
全方向性　52
専用狭域通信　149
双曲線航法　145
相互インピーダンス　102
送信機　131
相対定理　48
相対利得　63

た　行

大地反射波　111
体内埋込型医療用データ伝送システム　157
ダイバーシチ受信　126
太陽フレア　123
対流圏　110
対流圏伝搬　110
ダクト　121
ダクト伝搬　121
ダクトフェージング　121
多重波伝搬　126
チェビシェフ分布アレイ　95
地上デジタル放送　134
地上波伝搬　110
地中探査レーダ　145
地表波　111
跳躍フェージング　125
直接波　111
直線偏波　20
直交周波数分割多重方式　130
直交偏波　23
通信衛星　133
通信回線　131

索　引

低軌道　124
テイラー分布　97
デリンジャ現象　123
テレビジョン　133
テレメトリ　156
電圧定在波比　31
電界　10
電界パターン　55
電荷密度　10
電鍵　137
電子レンジ　162
伝送線路　27
電束　10
電束密度　10
電波航法　145
電波の窓　124
伝搬定数　14, 29
電離圏　110
電離圏伝搬　110
電離層　122
電力パターン　56
同期性フェージング　126
動作利得　64
同軸線路　32
透磁率　10
導電電流　10
導電率　10
導波管　35
等方性　52
等利得合成　127
ドップラーシフト　141
トップローディングアンテナ　69

な　行

ナイフエッジ　115
仲上−ライスフェージング　126
ナル　56
二項係数分布アレイ　93
二次監視レーダ　144
入力インピーダンス　30, 58
ノーマルモード　72

は　行

ハイトパターン　113
ハイパサーミア　162
配列係数　89
波数　14
波長　5
パッシブフェイズドアレイ　107
パッチアンテナ　73
波動インピーダンス　17
バトラーマトリクス　106
バビネの原理　48
パラボラアンテナ　77
パルス符号変調　130
反射鏡アンテナ　77
反射係数　31
板状アンテナ　73
板状モノポールアンテナ　73
搬送波　130
半値角　56
半波長ダイポールアンテナ　53
ビームチルト　92
微小磁流素子　50
微小電流素子　49
表皮厚　18
ピラミッドホーン　76
ファラデーの法則　10
フェイズドアレイ　105
フェージング　125
負荷インピーダンス　30
不整合損　64
ブラウンアンテナ　69
フラクタルアンテナ　73
プラズマ　110
フリスの伝達公式　131
ブリュスター角　24
フレネルゾーン　117
フレネル反射係数・透過係数　24
フレミングの左手の法則　4
ブロードサイドアレイ　90
ブロッキング　78
平行2線　33
平行偏波　23
平面波　16
ベクトルポテンシャル　46

索　引

ヘリカルアンテナ　72
ヘルムホルツ方程式　14
変位電流　11
変調　130
変調波　130
偏波ダイバーシチ　127
偏波フェージング　125
ホイヘンス–フレネルの原理　79
ポインティングベクトル　19
放射界　50
放射効率　62
放射抵抗　58
放射パターン　52
放送　133
放送衛星　133
ホーンアンテナ　76
ホワイトスペース　6

ま　行

マイクロストリップアンテナ　73
マイクロストリップ線路　33
マイクロセル　140
マクスウェルの方程式　10
マルチパスフェージング　126
マルチビーム　106
見通し外伝搬　110
見通し内伝搬　110
無給電素子　103
無指向性　52
無線電力伝送　152
無線呼び出し　138
メインローブ　56
モード　37
モールス信号　137
モノポールアンテナ　69

や　行

誘電率　10
誘導界　50
容量冠　69

ら　行

ラジオ　133

ラジオダクト　121
離間係数　115
利得　62
臨界周波数　122
ループアンテナ　70
レイリー散乱　121
レイリーフェージング　126
レーダ　142
レーダ断面積　143
レーダ方程式　143
列車無線　137
レトロディレクティブアンテナ　107
レンズアンテナ　76
漏洩同軸ケーブル　137
ローデッドループアンテナ　71
路車間通信　151
ロラン　142
ロンビックアンテナ　68

数字・欧字

1 次放射器　77
BPSK　130
CDMA　139
DSRC　149
ETC　149
E 面扇形ホーン　76
FB 比　56
GMDSS　137
GPS　147
H 面扇形ホーン　76
INMARSAT　137
ISM バンド　153
ITS　149
k 形フェージング　125
MRI　159
M 曲線　120
OFDM　130
QPSK　130
RF　27
RFID　152
TEM 波　17
VICS　149
VSWR　31

著者略歴

高橋　応明
(たかはし　まさはる)

1989 年　東北大学工学部電気工学科卒業
1994 年　東京工業大学大学院博士課程修了　博士（工学）
1993 年　日本学術振興会特別研究員
1996 年　武蔵工業大学工学部電子通信工学科講師
2000 年　東京農工大学工学部電気電子工学科助教授
現　在　千葉大学フロンティア医工学センター准教授
　　　　千葉大学大学院工学研究科人工システム科学専攻メディカルシステム

主要著書

アンテナ工学ハンドブック 第 2 版，電子情報通信学会編（共著），オーム社（2008）
RFID 用アンテナ技術の基礎と応用設計事例—電磁誘導方式アンテナと UHF 帯アンテナ，リアライズ理工センター（2010）

電子・通信工学＝EKR-18

電磁波工学入門

2011 年 10 月 25 日 ⓒ　　初　版　発　行
2021 年 3 月 10 日　　　　初版第 5 刷発行

著者　高橋応明　　発行者　矢沢和俊
　　　　　　　　　印刷者　中澤　眞
　　　　　　　　　製本者　小西惠介

【発行】　　株式会社　数理工学社
〒151-0051　東京都渋谷区千駄ヶ谷 1 丁目 3 番 25 号
編集 ☎(03)5474-8661(代)　　サイエンスビル

【発売】　　株式会社　サイエンス社
〒151-0051　東京都渋谷区千駄ヶ谷 1 丁目 3 番 25 号
営業 ☎(03)5474-8500(代)　　振替 00170-7-2387
FAX ☎(03)5474-8900

組版　ビーカム
印刷　シナノ　　　　製本　ブックアート
《検印省略》

本書の内容を無断で複写複製することは，著作者および出版者の権利を侵害することがありますので，その場合にはあらかじめ小社あて許諾をお求め下さい．

ISBN978-4-901683-83-8
PRINTED IN JAPAN

サイエンス社・数理工学社の
ホームページのご案内
http://www.saiensu.co.jp
ご意見・ご要望は
suuri@saiensu.co.jp まで